用漫畫讀懂

麥肯錫的超強問題解決術

ガで読めるマッキンゼー流「問題解決」がわかる本

從今天開始，就能運用
世界最高水準的思考技術！

大嶋祥譽◎著　侯詠馨◎譯
青木健生◎腳本　石野人衣◎作畫

目錄

第1章

要正確解決問題，必須先找出真正問題 029

第2章

建立假說、設定課題，並分析解決方案 087

第3章

第4章

除了實行解決方案，還要持續思考與改善

作者序
你煩惱的問題是「真正的問題」嗎？

在大家的生活周遭，每天都會發生形形色色的問題，例如：「工作不順利」、「達不到目標」、「提案不被主管採用」等等。於是，許多人因無法解決問題而感到苦惱。

你是否也有類似的經驗？

之所以會發生這種情況，是因為你認為的問題其實不是真正的問題，而是問題衍生的現象，但你把它當成問題來處理，才會陷入無法解決問題的惡性循環。換句話說，**當你無法正確掌握什麼才是真正的問題時，就無法找出正確的解決方案**。

在本書中，我以從麥肯錫學到的問題解決術為核心，加上我在工作中累積淬鍊的觀點，透過淺顯易懂的呈現方式，協助大家解決問題。

相信不少人都聽過麥肯錫，該公司是世界頂尖的管理顧問公司，從麥肯錫出來的每個人，在世界各地的企業裡都很活躍。為什麼他們無論到哪裡都能做出好成績？原因之一就是本書漫畫人物小譽提到的，因為他們**懂得解決問題**的方法。

在本書中，漫畫的舞台——百年老店「清古堂」，是一家面臨倒閉危機的鄉下和菓子店。曾任職麥肯錫的小譽，陪伴著完全不懂如何解決問題的阿岳等人，一起思考讓老店起死回生的策略。

我撰寫本書之際，內容是以我先前撰寫的《麥肯錫新人培訓7堂課》、《麥肯錫新人邏輯思考課》、《麥肯錫的筆記術》為基礎，並且回應讀者「想透過更簡單的方式理解麥肯錫手法」的需求，讓大家更具體地瞭解該如何解決問題。

透過本書，讀者可以**快速閱讀並理解麥肯錫解決問題的方法**，而且立刻加以運用。學生和職場新鮮人能藉此打好工作基礎，商務人士也能精進自己的工作方式。

希望各位讀者在掌握解決問題的訣竅之後，可以正確地面對自己的問題，並朝著目標大步邁進。

【登場人物介紹】

天野岳．27歲

綽號阿岳，身高165公分。在鄉下土生土長，就讀當地的國立大學。喜歡甜食與手工藝，因此在故鄉的甜點老店清古堂工作。負責商品研發。不機靈，口才差，但個性誠懇、純真。高中時參加棒球社，無女友。曾喜歡小譽。

廣瀨譽．29歲

和阿岳同鄉，是大他兩屆的學姐。身高172公分。高中時擔任棒球社經理，在社團與阿岳相識。聰明伶俐、腦筋靈活。就讀東京的私立大學，之後出國留學，並進入麥肯錫工作。擅長多種運動，喜歡甜食。

木曾

任職清古堂商品開發部，是阿岳的前輩。腦筋很好，不過有點頑固。

富子

清古堂的老前輩，像母親一樣照顧著清古堂的職員們。

梶田

清古堂的大師傅，對自己的手藝充滿自信。個性有點強勢。

清田

清古堂的社長，是小譽父親的好友。

序　章

百年老店瀕臨倒閉！麥肯錫顧問這樣拯救

信州某個寧靜的小鎮
清古堂甜點工廠
非工作人員禁止進入
清古堂
咦!?
清古堂
要倒閉了…!?
天野岳（27）

我把試作中的「幸福豆沙包」……！
啊！
現在開發新產品也來不及了。
把賣不好的商品降價出售，或是模仿同業的熱賣商品，取類似的名字……
雖然我們一直努力嘗試，業績還是沒有起色。
木曾巧（31）
資金、經營和創意都比不上大公司和都市的同業。
現在這個時代，鄉下的和菓子店已經不能光靠老店招牌來立足了。

無論是公司還是我們這些員工，
都沒有突破危機的能力。
倒店的傳聞八成是真的，勸你還是開始找新工作吧。
……！
清古堂居然要倒了…
明明是在這個小鎮經營了一百多年的老店…
清古堂最中餅
清古堂豆沙包
確實是有點樸素、了無新意，
不過味道絕對不會輸人啊…

我們商品開發部要負最大的責任吧…
垂頭
喪氣
說要找工作…我的能力又不好。
學歷普通
社交手腕普通
相貌普通
普通的甜食控
那個小不點…是阿岳嗎!?
是那個人稱松田高中棒球社萬年板凳球員的——
天野岳!?

小、
小譽學姐!!
廣瀨譽（29）

註：盂蘭盆節，類似台灣的中元節。

出國留學後，順勢進入世界最大的管理顧問公司工作。
累積資歷後離職，在那邊的大學取得MBA。
拿到MBA之後，我想趁這個機會回日本⋯⋯回到我的故鄉。
為什麼要特地回到這種鄉下？
這幾年因為工作的關係，我造訪過許多國家。

每個國家都很迷人、刺激。
見識了那麼多，我突然想起來，
我土生土長的小鎮也有許多美好的事物……
那時我就下定決心，總有一天要回故鄉從事顧問工作，
發揮我在國外學到的知識與技術。
微笑
我想為企業或店家……為鎮上的人貢獻自己的力量。
所以我就回來啦！
然後讓這裡成為更有愛的小鎮！開玩笑的啦！
嘿嘿
會不會耍帥過頭了？
……

那麼…
握拳
可以請妳幫助我們清古堂嗎!?
鎮上第一的和菓子店陷入經營危機!
可是…
因為我們這些員工能力不足，沒辦法解決!
請小譽學姐用妳的聰明才智，
救救我們公司好嗎？

阿岳的公司，要靠阿岳自己救哦！
咦!?
我的腦筋其實沒有特別好…
輕敲
舉起
只不過在世界最強的管理顧問公司，
學會世界最高水準的問題解決術而已。
世界最高水準的…問題解決術!?

問題解決術和邏輯思考是那家公司的代名詞。
不管是誰都學得會。
不需要特別的人才和能力，也能提高業績。
即使是書唸得不好、不機靈的人，也能拯救公司。
拜託別人之前，自己也要付出一點努力吧！只要員工學會這門技術，好好實踐⋯

清古堂
清古堂也能成為日本第一……不，世界第一的甜點店！
清古堂豆沙包
清古堂最中餅
!!
那個時候……
我還不知道，這就是奇蹟的起點。

不論在工作還是生活上，克服困境的方法有2個層次

我們每天都要不斷地解決問題。「這件事該怎麼辦」、「那件事怎麼處理」，不管是日常生活還是工作，每個人都在解決大大小小的問題。不過，應該有許多人曾經因為無法解決問題，而不知如何是好吧？不知道問題出在哪裡，或是試行解決方案卻沒成功。

首先，請大家記住一件事：所謂的解決問題，有兩個層次。

第一個層次是解決眼前發生的問題，例如：覺得胃痛，於是服用止痛藥，這種方法是「對症治療」。可是，採取這種方法，即使當下胃不痛了，若沒有根除病因，疼痛還是會復發。

如果胃痛的原因是平常暴飲暴食造成的胃潰瘍，就應該改用養生的飲食方

式，改善胃潰瘍的症狀，才是消除胃痛的根本解決方法。這就是第二個層次：真正解決問題。針對哪個層次來解決面臨的問題，將決定問題是否可以確實解決。

真正解決問題，不是只針對眼前的問題對症治療，而是根治病灶。如果不這麼做，同樣的問題仍會不斷重演。

解決問題有一定的方法。學會這個方法，就能有效且準確地解決問題。

本書將介紹我在麥肯錫學到的知識，以及自己解決問題的獨門技巧。

產生問題的原因錯綜複雜，想要明確地找出真正的問題及其原因，必須採取兼具深度與廣度的觀點來思考問題。

因此，要運用麥肯錫的邏輯樹狀圖和3C等分析架構，並以MECE（Mutually Exclusive Collectively Exhaustive，意指「不遺漏、不重複」）的方式思考，發掘出真正的問題。本書將依序介紹這些方法。

接下來，我們看看清古堂真正的問題是什麼吧！

第1章

要正確解決問題，必須先找出真正問題

本章學習重點

- 解決問題的步驟
- 3C分析
- 邏輯樹狀圖
- MECE
- 4P分析
- 商業系統

哇~~~~啊！
信州真的什麼都好吃~
回來真是太好了！♪
……
說起來，快倒閉的清古堂，應該有什麼問題吧。
嗯？

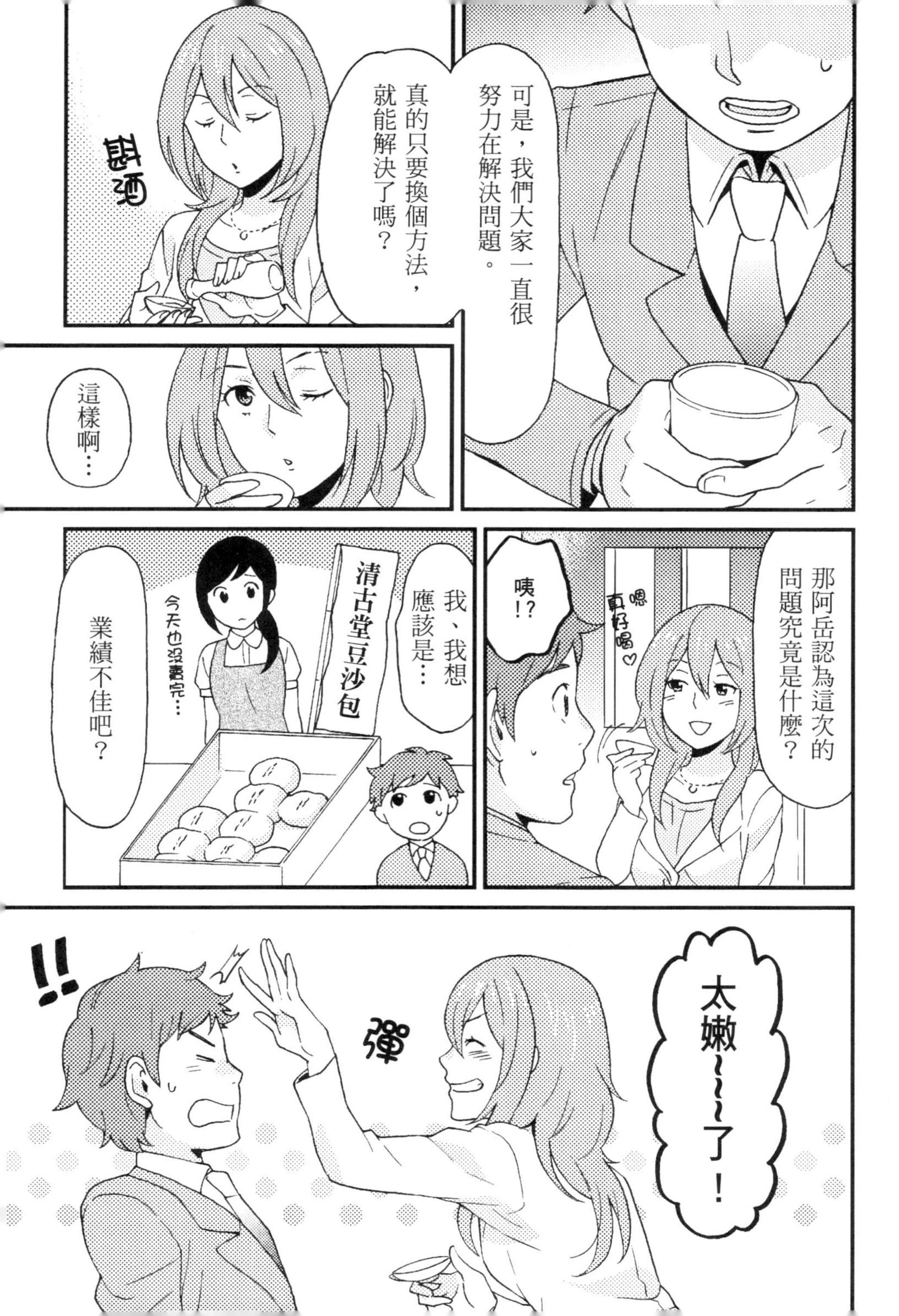

可是，我們大家一直很努力在解決問題。
真的只要換個方法，就能解決了嗎？
斟酒
這樣啊……
那阿岳認為這次的問題究竟是什麼？
嗯真好喝♡
咦!?
我、我想應該是……
清古堂豆沙包
今天也沒賣完……
業績不佳吧？
太嫩～～～了！
彈
!!

那是現在發生的「現象」，只是「眼前的問題」而已！
眼、眼前的問題！？
一飲而盡
不過，那也是問題吧…？
還不夠深入哦！
想解決問題，要先把「真正的問題」找出來哦！

眼前的問題，
現象
是由真正的問題所引發的現象。
假如清古堂的問題是業績不佳的話，
業績不佳的原因是什麼？
清古堂
這、這個嘛…
答不出來了吧？
不明確的問題是無法解決的。
現象背後一定有原因！這個原因能幫我們找出具體的解決方案。
所以，我們真正應該對抗的敵人是
真正的問題！

辦促銷活動來提振業績吧……
不，比起那個，是不是考慮裁員……
為了解決問題，不管經過多少討論，
如果那不是真正的問題，就沒有辦法找出真正的解決方法。
真正的問題
眼前的問題 業績不佳
驚！
去外面擺攤吧！
假如把注意力全部放在眼前的業績上，
確實能將「賣不掉」的情況變成「賣掉了」，但是這種解決方法，
賣掉了
就只是把同一枚硬幣翻過來而已，什麼都沒有改變。
賣不掉
清古堂。

嘎嘎
嘎嘎
我們明明這麼努力了⋯
不能解決真正的問題，就毫無意義哦！
清吉堂豆沙包
嘈雜
嘈雜
輕放
首先，我們必須從這次的現象，
找出真正的問題！
⋯⋯！

第二天
如此這般…
在不影響今日工作的前提下，
請各位員工到這裡來開會！
大家一起來尋找，
清古堂真正的問題！

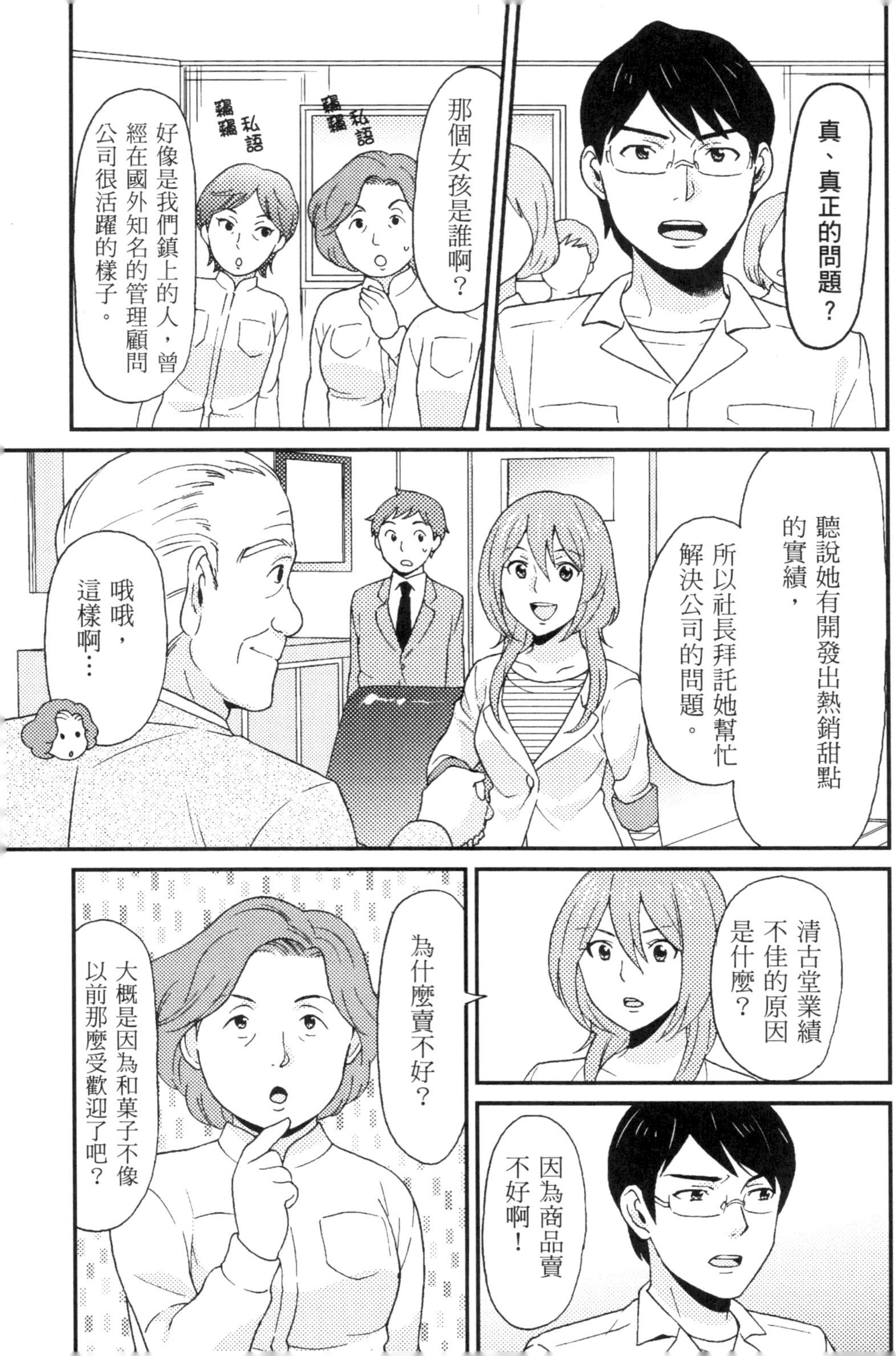
真、真正的問題？
那個女孩是誰啊？
竊竊私語
竊竊私語
好像是我們鎮上的人，曾經在國外知名的管理顧問公司很活躍的樣子。
聽說她有開發出熱銷甜點的實績，所以社長拜託她幫忙解決公司的問題。
哦哦，這樣啊…
清古堂業績不佳的原因是什麼？
為什麼賣不好？
大概是因為和菓子不像以前那麼受歡迎了吧？
因為商品賣不好啊！

伸
出
我用行銷上常用的「3C」分析過清古堂的問題了。
市場
Customer
自家公司
Company
競爭對手
Competitor
第一個C是「Customer」，
Customer
也就是「市場」！
不管是西式甜點還是日式甜點，一直都很受歡迎哦！加上外國觀光客越來越多…
我認為和菓子確實有市場！

Competitor
第二個C是「競爭對手」（Competior）！
其他主打低價和菓子的甜點店，每一家的業績都穩定成長！
所以沒有「和菓子賣不好」這回事！
為什麼只有我們…
接下來，最重要的是第3個C…
Company
「自家公司」（Company）！
說到優勢…
請問清古堂甜點的優勢是什麼？

應該是甜點師傅的手藝吧？
他曾經在多項比賽得獎，眼光精準，能從產地嚴選最新鮮的食材製作甜點。
只可惜，最近一直在製作簡單的甜點，缺乏大顯身手的機會。
那麼我們就利用這項優勢，
引領獨樹一格的甜點新風潮…
創造出全新的人氣商品吧!!
!!……
!!

做、
做得出來的話，我們早就做了！！
挺身
就是因為做不出來，我們…我們清古堂
我不懂什麼ＭＢＡ還是麥肯錫，
才會陷入困境啊！
我看妳這個門外漢只會耍嘴皮子！

無論如何，只有創造人氣商品，才是真正的解決方案！
依循解決問題的步驟，就能輕鬆找到解決方法！
解決問題的步驟……？
解決問題的步驟，也就是所謂的「流程」。
流動
步驟？
流動
流程……？

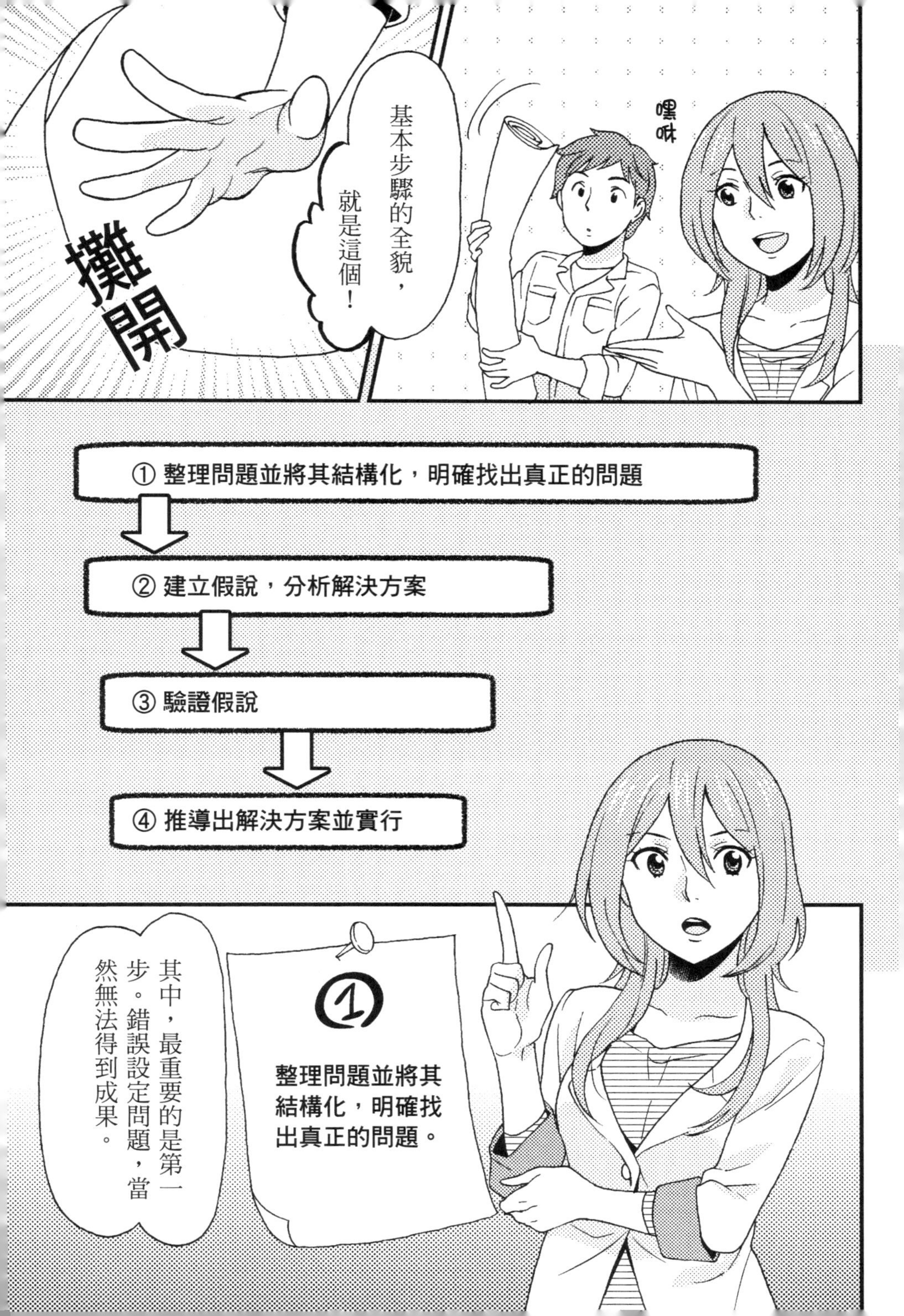
嘿咻
基本步驟的全貌，就是這個！
攤開
① 整理問題並將其結構化，明確找出真正的問題
② 建立假說，分析解決方案
③ 驗證假說
④ 推導出解決方案並實行
①
整理問題並將其結構化，明確找出真正的問題。
其中，最重要的是第一步。錯誤設定問題，當然無法得到成果。

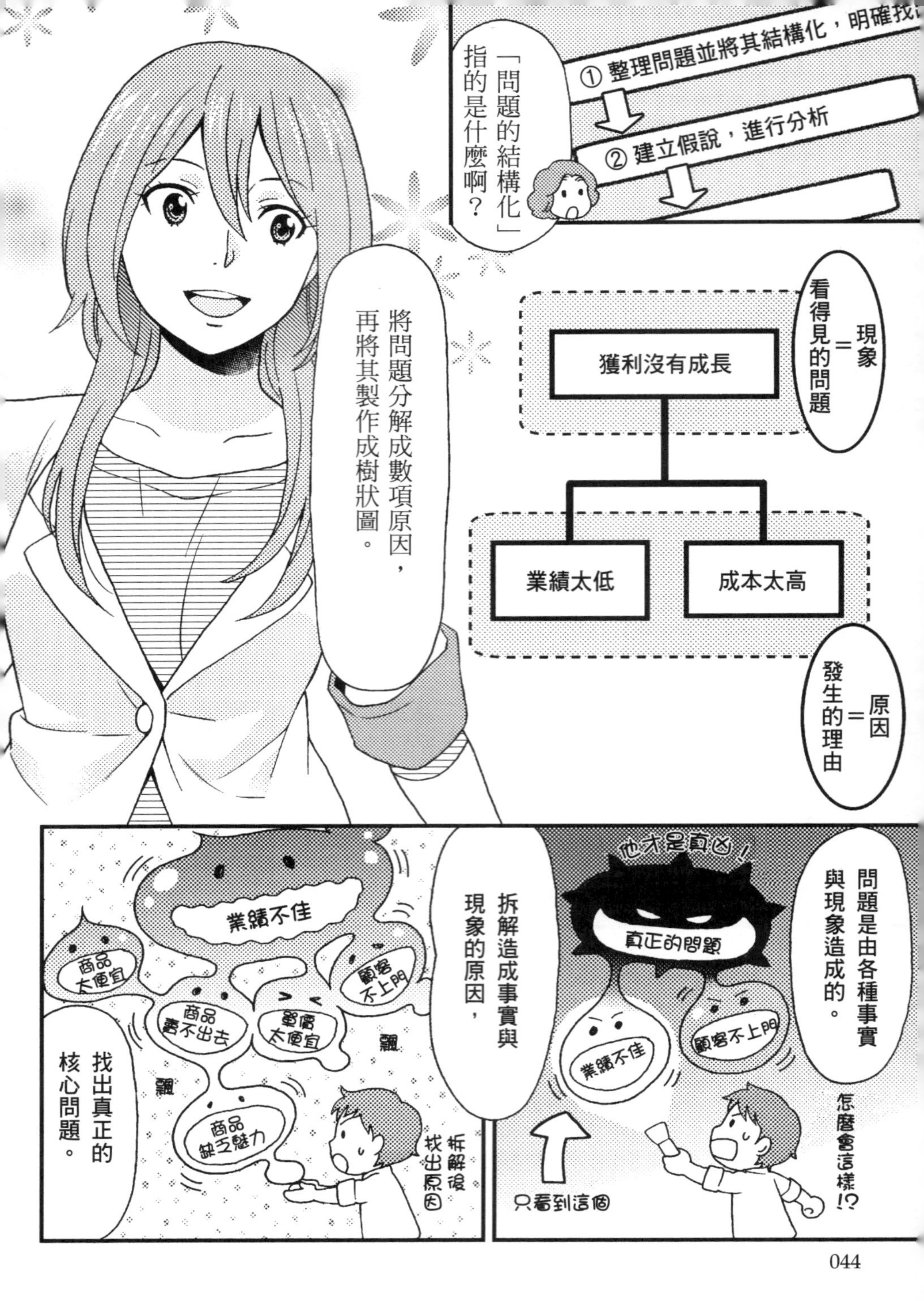

①整理問題並將其結構化，明確找
②建立假說，進行分析
「問題的結構化」指的是什麼啊？
將問題分解成數項原因，再將其製作成樹狀圖。
現象＝看得見的問題
獲利沒有成長
業績太低
成本太高
原因＝發生的理由
問題是由各種事實與現象造成的。
他才是真凶！
真正的問題
顧客不上門
業績不佳
怎麼會這樣!?
只看到這個
拆解造成事實與現象的原因，
業績不佳
商品太便宜
顧客不上門
商品賣不出去
單價太便宜
飄
飄
商品缺乏魅力
拆解後找出原因
找出真正的核心問題。

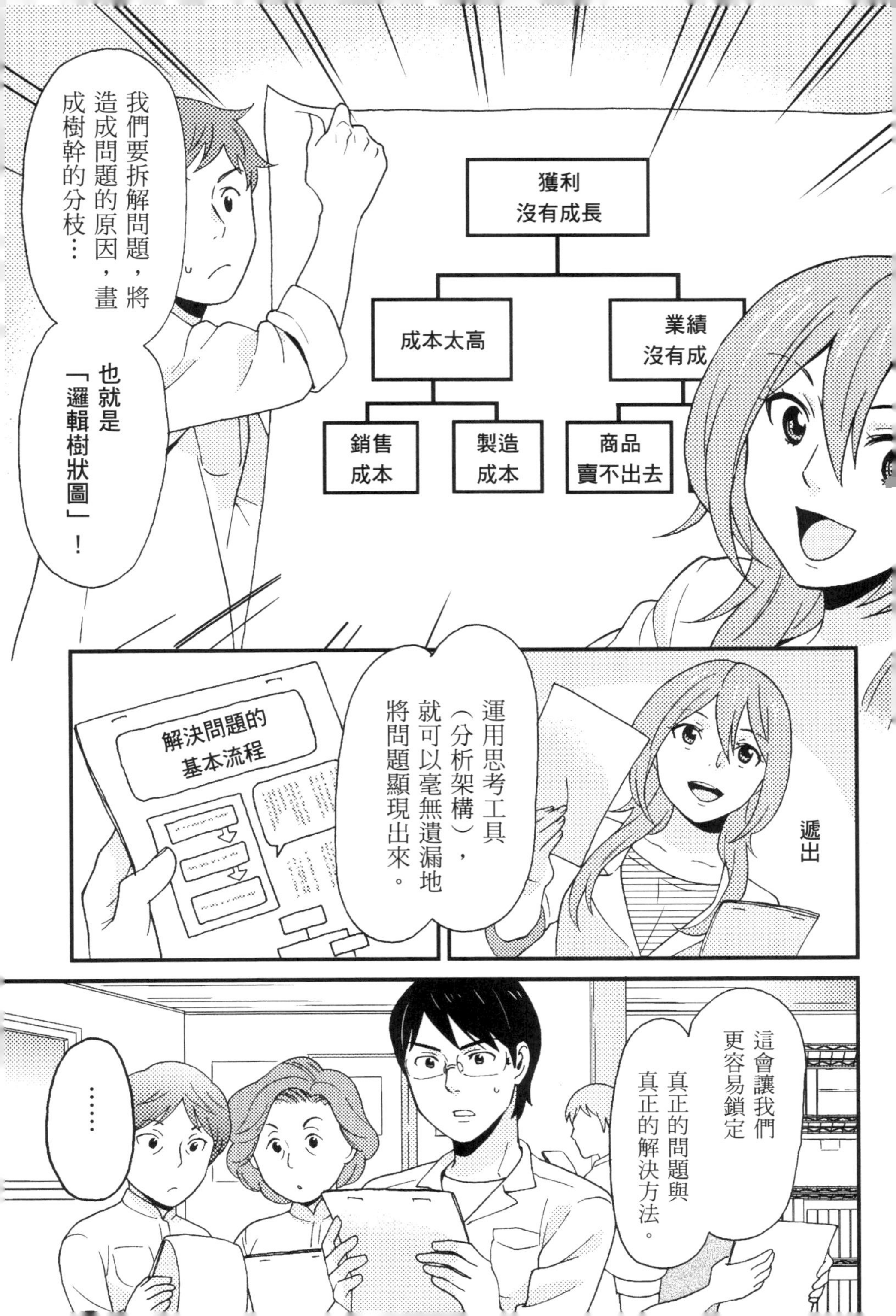

我們要拆解問題，將造成問題的原因，畫成樹幹的分枝…
獲利沒有成長
成本太高
業績沒有成
銷售成本
製造成本
商品賣不出去
也就是「邏輯樹狀圖」！
運用思考工具（分析架構），就可以毫無遺漏地將問題顯現出來。
遞出
解決問題的基本流程
這會讓我們更容易鎖定真正的問題與真正的解決方法。
……

在拆解造成問題的原因時，
重點在於運用MECE思考，避免遺漏與重複。
獲利沒有成長
理由
成本太高
業績沒有成長
喂
喂
例如業績不佳，原因應該不只有「單價太低」吧？
哦～
接下來，請阿岳繼續想好了。你應該也還沒找到吧？
「真正的問題」
叩叩
什麼是真正的問題，
業績沒有成長
單價太低
商品不熱銷
請你好好找出來。

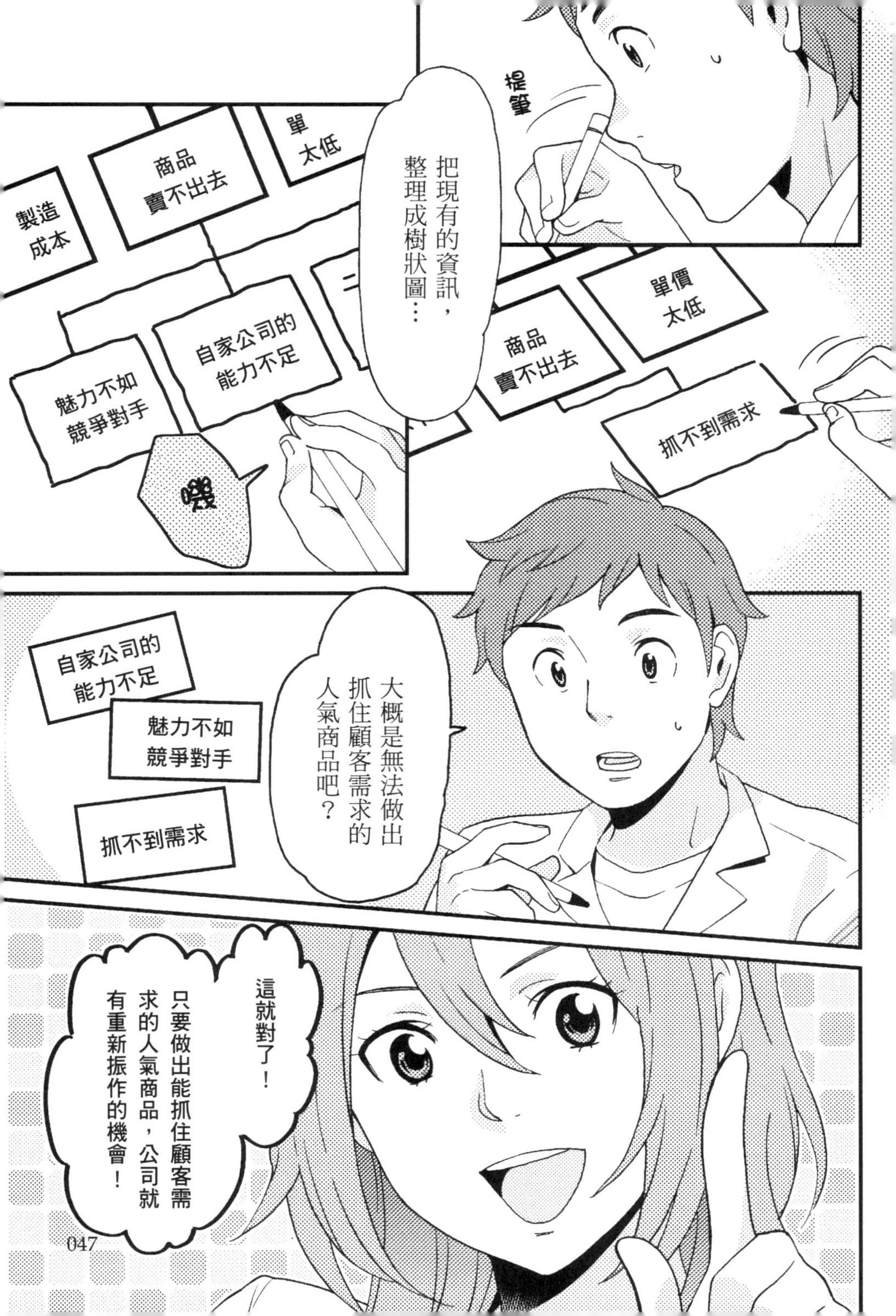
提筆
把現有的資訊，整理成樹狀圖…
單
太低
商品
賣不出去
製造
成本
自家公司的
能力不足
魅力不如
競爭對手
單價
太低
商品
賣不出去
抓不到需求
嘰
大概是無法做出抓住顧客需求的人氣商品吧？
自家公司的
能力不足
魅力不如
競爭對手
抓不到需求
這就對了！
只要做出能抓住顧客需求的人氣商品，公司就有重新振作的機會！

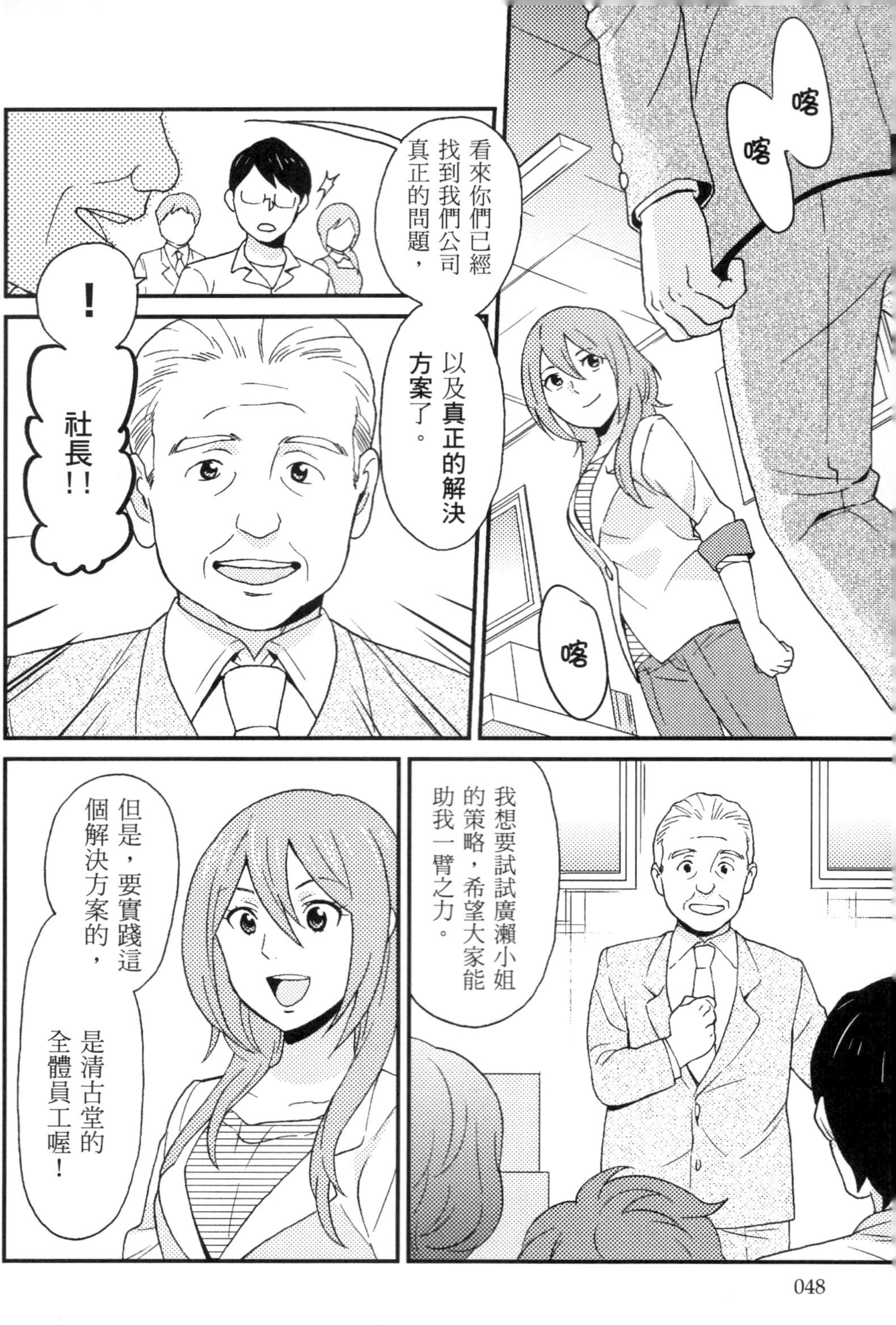
喀
喀
喀
看來你們已經找到我們公司真正的問題，以及真正的解決方案了。
！
社長!!
我想要試試廣瀨小姐的策略，希望大家能助我一臂之力。
但是，要實踐這個解決方案的，是清古堂的全體員工喔！

抓不到需求
調查不完善
沒有好創意
討論機會太少
知識不足
思考時間不足
將問題結構化，
再把原因細分！
這麼一來，應該就可以解決所有的問題，
打造出人氣商品！

你是明確鎖定問題癥結，還是匆忙處理表面現象？

大家應該經常聽到「解決問題」這個詞。你覺得「解決問題」是什麼？試著用這個例子來思考：某個團隊中的A總是失誤連連，造成大家的困擾。再這樣下去，其他人為了彌補A的失誤，很可能導致整個團隊的工作效率下降。

對於這個案例，你會怎麼做？

最常見的回答應該是：「找個人檢查A的工作，減少他的失誤。」

乍看之下，問題好像解決了，其實不然，因為負責檢查的人工作會加重。追根究柢，減少A失誤的目的是什麼？應該不只是消除A的失誤而已。消除A的失誤，同時讓A和大家都能有效率地工作，才是最終目的。

於是我們會發現，**真正的問題是「如何提升團隊整體的工作效率」**。

因為失誤多，所以要減少失誤，這只是頭痛醫頭、腳痛醫腳，沒辦法真正解決問題。清古堂的情況也是如此，因為業績下滑，一昧地考慮如何增加業績，而忽略什麼才是真正的問題。正如小譬所說的，**只是將硬幣翻面，無法根本解決問題**。

「到底為什麼賣不好？」先明確找出產生問題的原因，才能找到問題。所謂的解決問題，就是要找出真正的問題，並填補理想狀態與現狀之間的落差。

以A的例子來說，A和其他團隊成員都能在沒有負擔的情況下，效率良好且正確地工作，才是原本應有的狀態。造成理想狀態與現狀之間出現落差的，就是真正的問題。

如果沒有解決真正的問題，光是用打地鼠的方式收拾眼前的殘局，就無法真正解決問題。

因此，最重要的是，掌握什麼是我們應該解決的問題。

麥肯錫告訴我們，如果找出真正的問題，就能正確地解決問題。大多數人遇到問題時，都想立刻找出解決方案，但在此之前，請先：

- **確認理想狀態為何**
- **設定問題（掌握問題）**

這才是關鍵所在。

圖1-1 何謂解決問題？

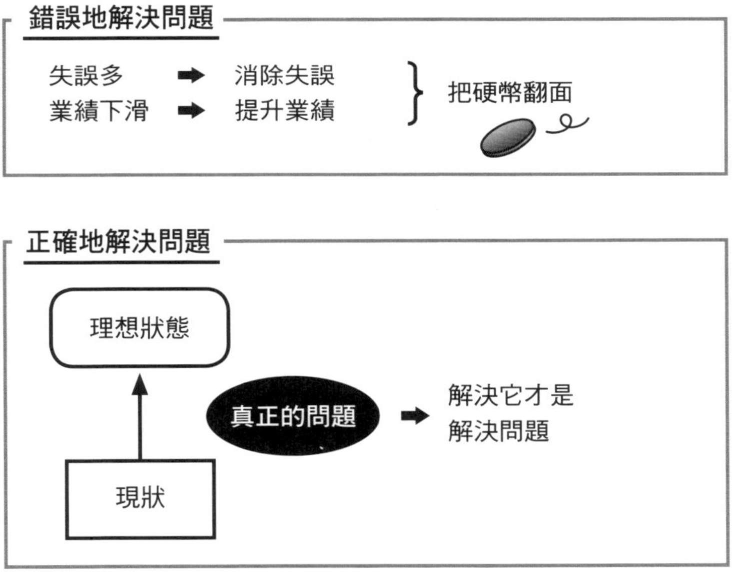
錯誤地解決問題
失誤多 ➡ 消除失誤
業績下滑 ➡ 提升業績
把硬幣翻面
正確地解決問題
理想狀態
現狀
真正的問題 ➡ 解決它才是解決問題

大家一起來尋找，
清古堂真正的問題！

業績下滑後總是退出市場？錯誤設定問題會導出錯誤解方

正確設定問題，就能找出正確的解決方案。

舉例來說，某家公司因為商品滯銷，做出「退出市場」的決斷。然而，若問題不是出在市場上，而是現有的商品沒能抓住顧客需求，那麼只要做出熱銷商品即可，根本不需要撤離該市場。

一旦錯誤設定問題，以為「這個市場不行了」，會導出「放棄這個產業，經營新事業」的錯誤方案。

我跟大家分享一個印度趣聞：大象與七個盲人的故事。

七個盲人一起旅行，突然間，一個龐大的障礙物擋住他們的去路，如果不把障礙物移開，就無法繼續前進，但他們的眼睛看不見，只能透過觸摸來判斷障礙物是什麼。

一個人摸了象腳，心想：「這是大樹吧？」摸了象尾的人說：「這是繩子吧？」摸了象鼻的人則說：「這是條大蟒蛇。」摸了象耳的人覺得：「這是一片大葉子。」每個人都得出不同的答案。

在這種情況下，認為障礙物是大樹的人也許會把樹砍掉，認為那是蛇的人則可能找來弄蛇人。然而，他們遇到的其實是大象，把牠砍掉或是找來弄蛇人，都不是正確的解決方案。如果想不出正確的方法，例如：找來馴象師，或是拿大象喜歡的蘋果或香蕉把牠引開，就無法趕走大象。

由此可知，**沒有準確掌握問題，只會徒勞無功**。甚至，如果做出砍大象這種舉動，說不定會惹火大象，被牠一腳踩死。

在我們的工作中，經常發生類似的情況。萬一與這個印度趣聞一樣，錯誤設定問題，會耗費不必要的勞力和成本。

◎試著用大象的問題反問自己

因此，重點在於找出真正的問題。如此一來，才能擬定適切的暫時方案（假說）。當問題發生時，首先要做的，不是思考解決眼前問題的方案，而是推導問題的原因，正確掌握問題。

面對問題時，要問自己：

「我們已經掌握大象嗎？」
「我的大象是什麼？」

圖1-2 必須準確抓住問題

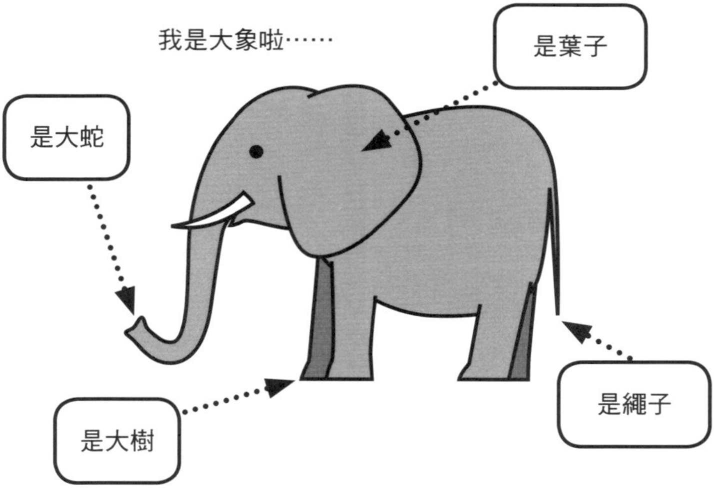

採取一套流程和步驟，發掘業績下滑的核心關鍵

本書故事中說明的「解決問題」，其流程如圖1-3所示。

STEP 1：整理問題並將其結構化，明確找出真正的問題

整理眼前發生的狀況，將其結構化後便可以看到：

- 問題是什麼？（定義問題，掌握理想狀態）
- 造成這個問題的原因是什麼？（問題的結構）

剛開始，清古堂只看到業績下滑的現象，沒有找出根本的問題，所以只能

想出治標不治本的解決方案。現在，他們運用邏輯樹狀圖，讓業績下滑的原因逐一顯現，並且抓住真正的問題，也就是未能創造人氣商品。

STEP 2：建立假說（議題），分析解決方案

找到真正的問題後，就要建立假說（議題），也就是設定「什麼是最重要的課題」。

運用邏輯樹狀圖拆解問題的結構之後，會發現許多待解的問題。然而，我們的時間不足以解決所有問題，所以必須找出最核心、最能有效解決問題的課題。

這時，可以利用「議題樹狀圖」這個分析架構。以最核心、最能有效解決問題的課題為出發點，用YES、NO來驗證是否正確，若得到的答案皆為肯定，就可以判斷假說為真。

舉例來說，假設以「開發新商品」為核心課題，將其細分為「新商品是

否能增加顧客數量」、「是否有能力開發新商品」等重要因素，並分別以YES、NO來進行判斷思考。

STEP3：驗證假說

經過STEP2建立假說後，接下來，要藉由問卷調查或深入訪談等方式來驗證假說，這也是麥肯錫非常重視的「查明出處」。

STEP4：推導出解決方案並實行

一面實行解決方案，一面加以改善。

請大家將這些步驟牢記在心，繼續看下去。

圖1-3　解決問題的流程

STEP 1　整理問題並將其結構化，明確找出真正的問題

▼

STEP 2　建立假說（議題），分析解決方案

▼

STEP 3　驗證假說

▼

STEP 4　推導出解決方案並實行

方法1

是否遺漏關鍵要素？運用MECE思考法掌握全貌

各位解決問題時，務必記得運用MECE來思考。MECE意指「不重複、不遺漏」。

假設我們要製作一張登山用品清單，如果清單中有遺漏，出發後很可能得趕回去拿，如果其中有重複，則會攜帶用不到的行李。換言之，製作一張不重複、不遺漏的清單，才能備妥不會浪費時間和力氣、恰到好處的行李。

解決問題時，也是一樣的道理。後來才想到「必須考量這件事」，會耗費不必要的精力和時間，嚴格來說，有缺漏或重複時，都不能算是完整的資訊。因此，MECE思考法非常重要。

舉個例子來說明MECE。

假設我們用MECE將班上的學生分類（請見圖1-4）。如果只分成「棒球社」和「手工藝社」，因為沒有考慮到參加其他社團的人，以及沒有參加社團的人，便會產生遺漏。如果分為「運動性社團」、「藝文性社團」及「未參加社團」，就可以避免重複和遺漏。

再假設，以「沒來上學」、「生病」將全班同學分類，就會產生「生病但有來上學」的重複。分成「生病沒來上學」、「生病但有來上學」、「沒生病」這幾類，則是MECE的分類方法。

MECE的最大目的，在於掌握現象的全貌。

舉例來說，某項商品賣不好的原因出在銷售方法上，若一味地認為是商品不夠好，就不會發現其實是銷售方法有問題。MECE可以在不重複、不遺漏的情況下，幫你確認是否錯過重要訊息。也就是說，用MECE分類、蒐集資訊，並加以整理，可以發現遺漏與重複的問題。

但是，MECE最重要的目的是掌握問題的全貌，所以大家在梳理問題時，**適當地意識到MECE**即可。如果太執著於避免重複與遺漏，忘記真正的目的，反而會造成本末倒置的結果。

總之，先從各種角度，以二軸、三軸的方式，例如：「質與量」、「效果與效率」、「短期、中期、長期」、「過去、現在、未來」等，來思考問題。持續採取這樣的做法，應該能逐漸培養出MECE的敏銳度。

圖1-4　MECE「不重複、不遺漏」的分類範例

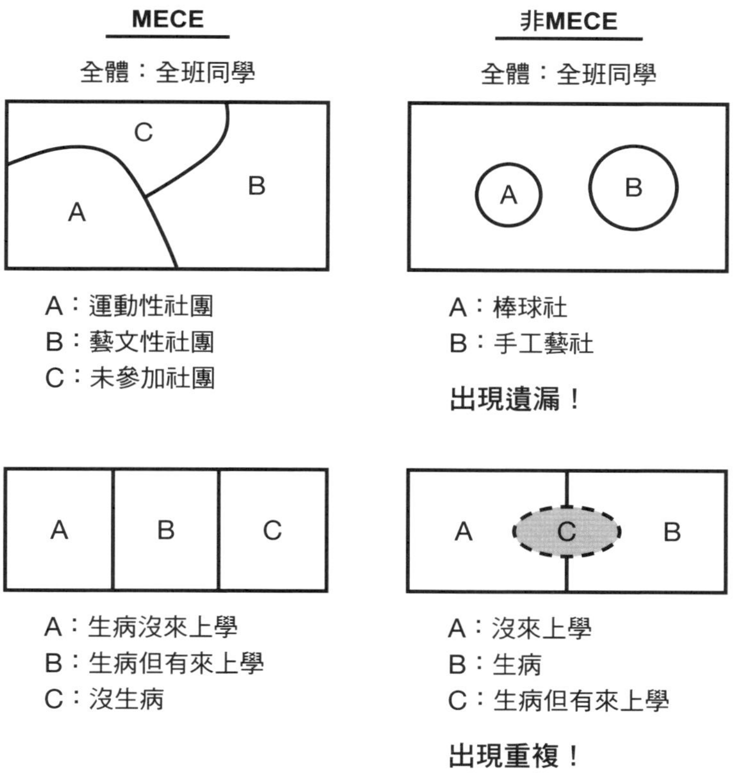

方法 2

怎麼釐清並把握現狀？透過「分析架構」整理思緒

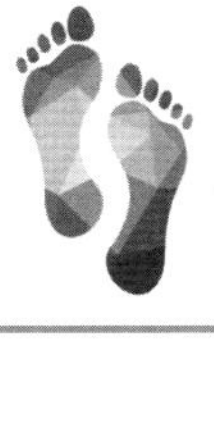

雖然說要大家認知到MECE，實際操作起來卻不簡單，這時「**分析架構**」可以派上用場。分析架構能協助我們不重複、不遺漏地整理思緒。善用分析架構，就能更有效率、更敏銳地釐清現象。

在思考顧客的屬性時，經常使用「依年齡分成十到十九歲、二十到二十九歲、三十到三十九歲、四十到四十九歲」之類的分類方式。

這就是藉由區隔與分群的分析架構，找出顧客的方法（相關細節將在之後詳述），依照年齡分群，可以有效地消除重複與遺漏。運用這種分析架構，就能精確地掌握對象。

厲害的顧問會自行設計出創新的分析架構，而初學者只要先認識與使用基本的分析架構即可。

分析架構大致可以分成以下三種類型：

● **分解要素型**

拆解事物的要素，找出問題的結構。例如：4P、3C、邏輯樹狀圖。

● **檢視流程型**

檢視工作流程、事物順序，針對流程加以分析。例如：商業系統。

● **對照型**

以質與量、日式與西式等對照為主軸，來分析各種問題。例如：定位矩陣。

本書將介紹各種分析架構，請大家依照用途妥善運用。

方法3

如何找到問題所在？根據事實證據畫出「邏輯樹狀圖」

從本節開始，我會更深入地介紹分析架構。

什麼是造成問題的根本原因（Why）？問題在哪裡（Where）？我們必須先把問題結構化，再進行思考。所謂的結構化，就是掌握複雜問題的全貌。這時候，**最常使用邏輯樹狀圖**。

問題的原因往往不只一個，透過邏輯樹狀圖，**可以呈現出問題的廣度與深度**，以利後續檢討。如此一來，便能找出造成問題的首要原因。

製作邏輯樹狀圖時，要把握不重複、不遺漏的原則，把想到的原因不斷分支與彙整。繪製方法可以參考漫畫中由上往下彙整的方式，也可以參考圖1-5的方式，從左往右書寫。我會建議大家由左往右書寫，根據經驗，當手由左往右移動時，更容易誘發大腦的深度思考。

假設以「選擇約會時想去的餐廳」為題，試著運用邏輯樹狀圖彙整條件。

首先是地點。位置希望是在對方的公司附近，或是鄰近轉運站、車站。

接著是餐廳風格。應該選擇高級餐廳，還是閑靜舒適、可好好坐著聊天的自然系餐廳，或是不起眼的私房餐廳？

然後是料理的類型。法式、義式、日式、異國風……，有很多種選擇。

最後是價位。太貴的負擔不起，太便宜的又怕菜色普通。

根據這些考量，完成了圖1-5的樹狀圖。透過這樣的方式，我們就能在不重複、不遺漏的情況下，精挑細選！

圖1-5 挑選約會時想去的餐廳的邏輯樹狀圖

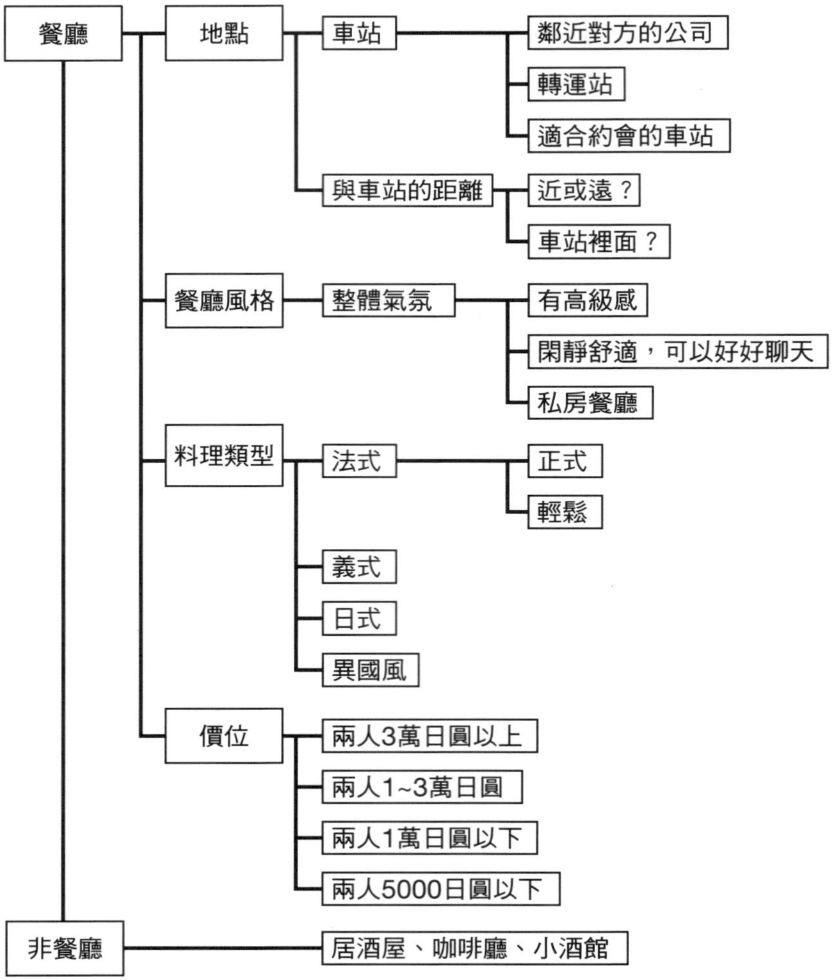

我們再試做一份可立刻用在工作上的標準邏輯樹狀圖（請見圖1-6）。**假設課題是「追求獲利成長」。為了用MECE分類，我們要以數據來思考。**用數據來表現獲利，即為：

- **獲利＝營業額－成本**

重點在於，追求獲利成長時，只有「提高營業額」或是「降低成本」這兩種方法。那麼，如果我們想提高營業額，應該怎麼做？

價格×銷量可以得出營業額。也就是說，又可再細分成兩種方法：

- **提升銷量**
- **提高價格**

圖1-6　工作的邏輯樹狀圖

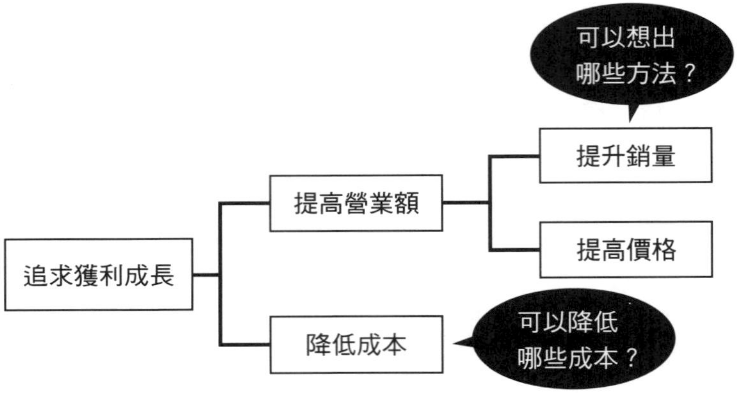

以咖啡廳來說，星巴克是靠高價位來獲利，羅多倫則是靠高銷售量來獲利。

單從銷量分析時，應該可以想出許多增加銷量的方法，例如：舉辦促銷活動，或是增加經銷門市等等。

另一方面，成本如何？是否可以降低原價，或是調降人事費用？

雖然有各式各樣的方法，請大家綜觀全局，思考什麼才是最重要的問題原因。

方法4

瞭解市場和競爭對手嗎？用3C分析擬定競爭策略

在思考競爭策略與市場進入策略時，最常用的分析架構是「3C分析」。所謂3C分析，是指分析「市場」如何？「自家公司的優勢」為何？「競爭對手」又是如何？

針對清古堂，小譽做出以下的分析。

- **市場：甜點熱潮尚未退燒，外國觀光客也在增加，和菓子確實有市場。**
- **競爭對手：以生產和菓子創造亮眼成績的同業公司，都以低價為訴求。**
- **自家公司的優勢：甜點師傅的高超手藝。**

因此，清古堂最後想出的解決方案是，與同業做出差異，運用師傅的高超手藝，順應甜點熱潮，開發全新的商品。

分析「市場、競爭對手、自家公司的優勢」這三個必要條件時，我們也要利用MECE來思考。少了這個分析架構，想法無法跳脫自家公司、忽略競爭對手、沒檢查市面上是否已有相似的商品，就會做出「根本沒有市場」的錯誤結論。

在這個市場變化劇烈的時代，我們更需要運用3C分析。以黑膠唱機為例，即使新推出的黑膠唱機與過去相比，音質已經大幅改善，但現在已經可以單獨購買數位音樂檔案，只有少數的收藏家會購買黑膠唱片，所以再怎麼努力製作黑膠唱機，也無法拓展銷路。（雖然可能有針對熱衷愛好者製作的超高價商品。）

從黑膠唱片、CD到數位檔案，一旦有重大的替代品出現，市場便不復存在。因此，運用3C分析，不遺漏市場的每一個角落，就更顯重要。

圖1-7　3C分析

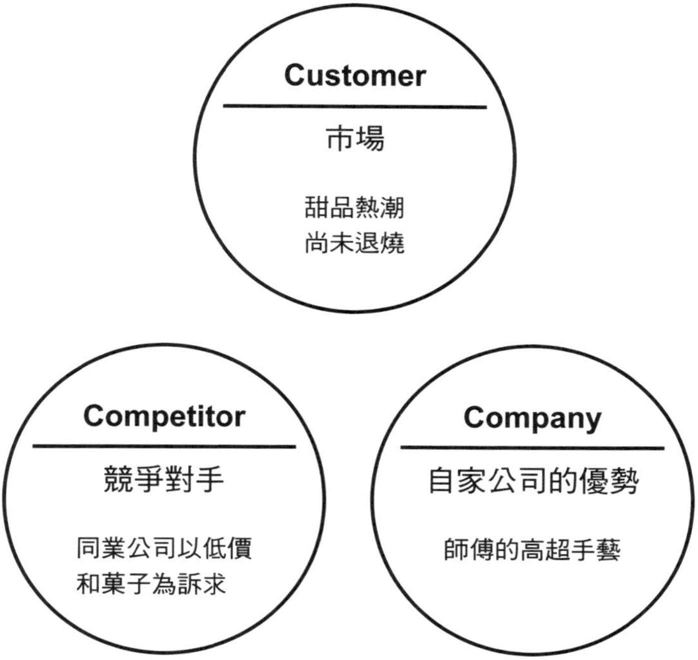

綜合以上條件，
清古堂應運用師傅的手藝，繼續留在和菓子市場！

方法5

想與同業或競品做出差異？用4P分析確立行銷策略

4P是行銷的代表性分析架構，以**產品（Porduct）**、**價格（Price）**、**通路（Place）**、**推廣（Promotion）**四個項目，與同業比較，並進行分析。

當我們要針對某項商品的行銷策略，與競爭公司做比較時，應該把握四個觀點：

- 商品是什麼？
- 商品的價格？
- 販售方式是什麼？（例如：店面、經銷商、網路、登門推銷等。）
- 有什麼促銷活動？

從這四個觀點來分析，便能在不重複、不遺漏的情況下進行驗證。

以東京芭娜娜（註：東京知名的點心品牌）和清古堂做一比較，可以得到圖1-8的結果。

利用這種方式整理，就能知道哪些公司以哪些人為對象，推出哪些策略，同時也能找出自家公司的不足之處。如此一來，在謀求與同業做出差異時，更能確立努力的方向。

圖1-8　4P的範例

	東京芭娜娜	清古堂
產品	容易入手的伴手禮、西式甜點	傳統的日式甜點
價格	價格合宜的伴手禮 483～2057日圓	零售價150～300日圓
通路	百貨專櫃、車站商店街、 機場、休息站	縣內有三家店鋪
推廣	車站內部	偶爾在附近發傳單

方法6

不知道哪個環節出錯？「商業系統」打造最佳工作流程

所謂的「商業系統」，是指透過拆解流程來掌握企業的分析架構。經營事業時，可以依照機能區分事業組成的要素，製作連續的流程圖。

舉例來說，製造業的主要流程是：「開發→製造→行銷→物流→經銷→店面管理」。換工作、找工作的流程是：「自我分析→企業分析→投遞履歷→面試→錄取」。針對這樣的流程，與他人做比較，就能找出自己失敗的原因，並建構更好的工作流程。

又例如，某家餐廳覺得最近生意不好，希望開闢更多客源，就可以利用商業系統，比較自家餐廳與其他生意興隆的餐廳之間，工作流程有何不同。

假設顧客上門之前的流程為「宣傳→顧客挑選→來店→用餐→再來店、成

圖1-9　商業系統的範例

	宣傳	顧客挑選	來店	用餐	再來店
自家餐廳	• 在附近發傳單	• 傳單重點為介紹菜色和新商品	• 座位距離寬敞，但位置不多	• 菜色多、風味佳、季節性菜單多	
生意興隆的餐廳	• 傳單附折價券 • 官方網頁	• 傳單重點為折價券折抵消費	• 座位多、不需久候 • 候位區有沙發、雜誌	• 針對家庭聚餐設計的菜單 • 單價低	• 集點卡

為老顧客」，經過分析後發現，生意興隆的餐廳在來店的階段，不會讓顧客久候，或是會使用集點卡來提升顧客的回流率。如此一來，能採行的方法便很明確。

我們可以將顧客選擇與決定購買的過程，製作成可視化的圖，並進行各種分析。

這套商業系統可以運用在所有的工作上。如果希望自己的工作能力與某人一樣強，也可以利用這個分析架構，觀察某人的工作流程與自己有何不同。

方法 7

企業文化很保守？7S模型幫你看清組織的軟硬體

「組織」這個詞彙很難定義，因為我們不太容易去分析，構成組織的要素有哪些。

舉例來說，有時會聽到「那家公司的決策速度很快」、「那家公司很有親和力」的評價，但大多數的情況下，員工們在工作時，都會把這些視為理所當然，沒有特別的感覺，也無法明確說明背後的原因。

因此，分析組織時，可以使用「**7S**」（請見圖1-10）的分析架構。

我們必須從「硬體」與「軟體」兩個層面，分別檢視構成組織的要素。硬體與軟體之間具有互補關係，在進行組織改革時，如果不能雙方面同時改善，就很難做出改革成效。

7S具體的項目是：

【硬體】

策略（Strategy）
組織結構（Structure）
公司制度（System）

【軟體】

組織文化（Style）
組織優勢（Skill）
人才（Staff）
共同價值觀（Shared Value）

即使業種類似，組織內涵也未必相同。舉例來說，同為通訊業者，某家公司的決策速度較快，另一家公司則給人保守的感覺，這就是組織文化的不同。7S分析可以幫助我們瞭解各種要素，譬如相同業種的公司，社會觀感為什麼不同？有哪些地方不同？

這個分析架構也可以運用在求職和轉職上。如果你是喜歡打頭陣、積極投入工作的人，比較適合上層願意把工作交付給個人的組織。如果你是理念比賺錢重要的人，可以判斷該組織的價值觀是否與自己相符。

圖1-10　7S分析架構

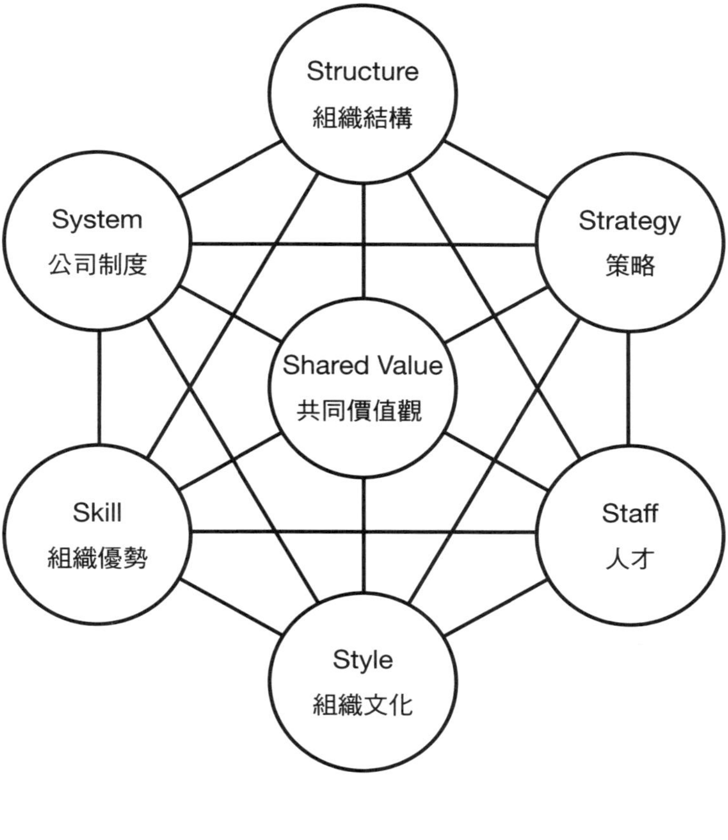
Structure
組織結構
System
公司制度
Strategy
策略
Shared Value
共同價值觀
Skill
組織優勢
Staff
人才
Style
組織文化

專欄　想買到適合的車子，畫出邏輯樹狀圖來分析

社長，您居然在看汽車型錄，還真難得。

我正在考慮買一部休旅車。畢竟不便宜，我不想買錯啊！

我們用邏輯樹狀圖來驗證看看吧？首先，您對休旅車有什麼需求？

乘坐人數。小孩家有三個人，再加上我們夫妻兩人，空間要夠大。

還有呢？

後車廂。最好放得下露營用具和孫子的玩具。顏色嘛，銀色或黑色好像都不錯。

樹狀圖完成了（85頁），您覺得如何？

原來如此。只要看這張圖，就能找到滿足我需求的車子。

對了，您的孫子一定很可愛吧！他幾歲了？

快要讀高中了。

高中生還會跟家人一起出去玩嗎？

所以我才想買部新車，看能不能吸引他。

都上高中了，應該很難吧？

好，我改變主意！我要買哈雷機車，讓孫子覺得我這個爺爺很酷，妳覺得怎樣？

（真正的問題是想要討孫子歡心吧！）

思考解決方案時，如果沒有考慮到真正的目的，好像真的很難找到正確答案啊！

用上述方式列出自己的需求，就能製作出不重複、不遺漏的邏輯樹狀圖。

用邏輯樹狀圖找到想要的休旅車

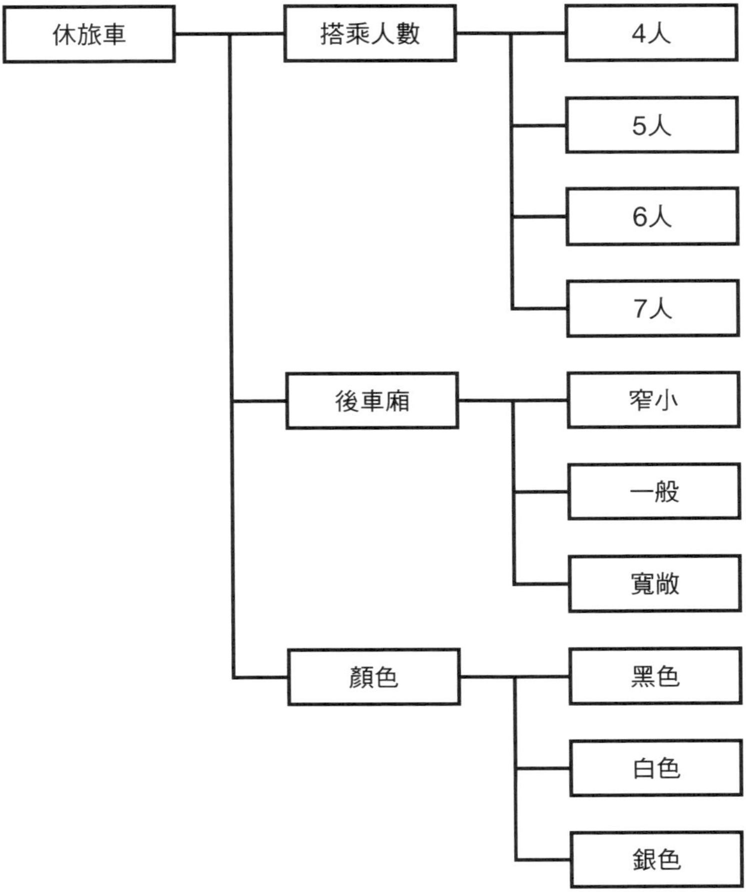

第2章

建立假說、設定課題，並分析解決方案

本章學習重點

- 議題樹狀圖
- 定位矩陣
- 追根究柢法

會議室
真正問題的解決方案，
就是…
做出抓住顧客需求的人氣商品！
所以午休時間也要像這樣試吃實際熱賣的商品，討論熱賣的原因是什麼，怎麼做才會熱賣吧？
吞
咬
嚼
嚼
嚼
嚼
咬
真好吃…
沒錯，必須先討論一下…
喂！你有在動腦嗎？
嚼
嚼

等一下，
開發人氣商品，
只不過是「假說」而已唷？
我不客氣了！
咬下
假說？
真好吃♡
雖然我們用邏輯樹狀圖分析過問題…
獲利沒有成長
業績沒有成長
成本太高
單價太低
商品賣不出去
製造成本
銷售成本
也找出什麼是最重要的課題，
但現階段，只能算是有方向而已。
舔

所以我們要把最重要的課題設定為假說，
還要驗證這個假說是否正確。
最重要課題
碰
變身
假說
假說
假說
用各種方法驗證假說！
我們還沒有新商品的具體靈感⋯⋯要不先畫出議題樹狀圖吧！
議題？
issue
議題就是「最重要的課題」。
這就是議題樹狀圖。
出發點
議題
課題A
課題B
課題A-1
課題A-2
課題B-1
課題B-2
這怎麼看都是邏輯樹狀圖啊！

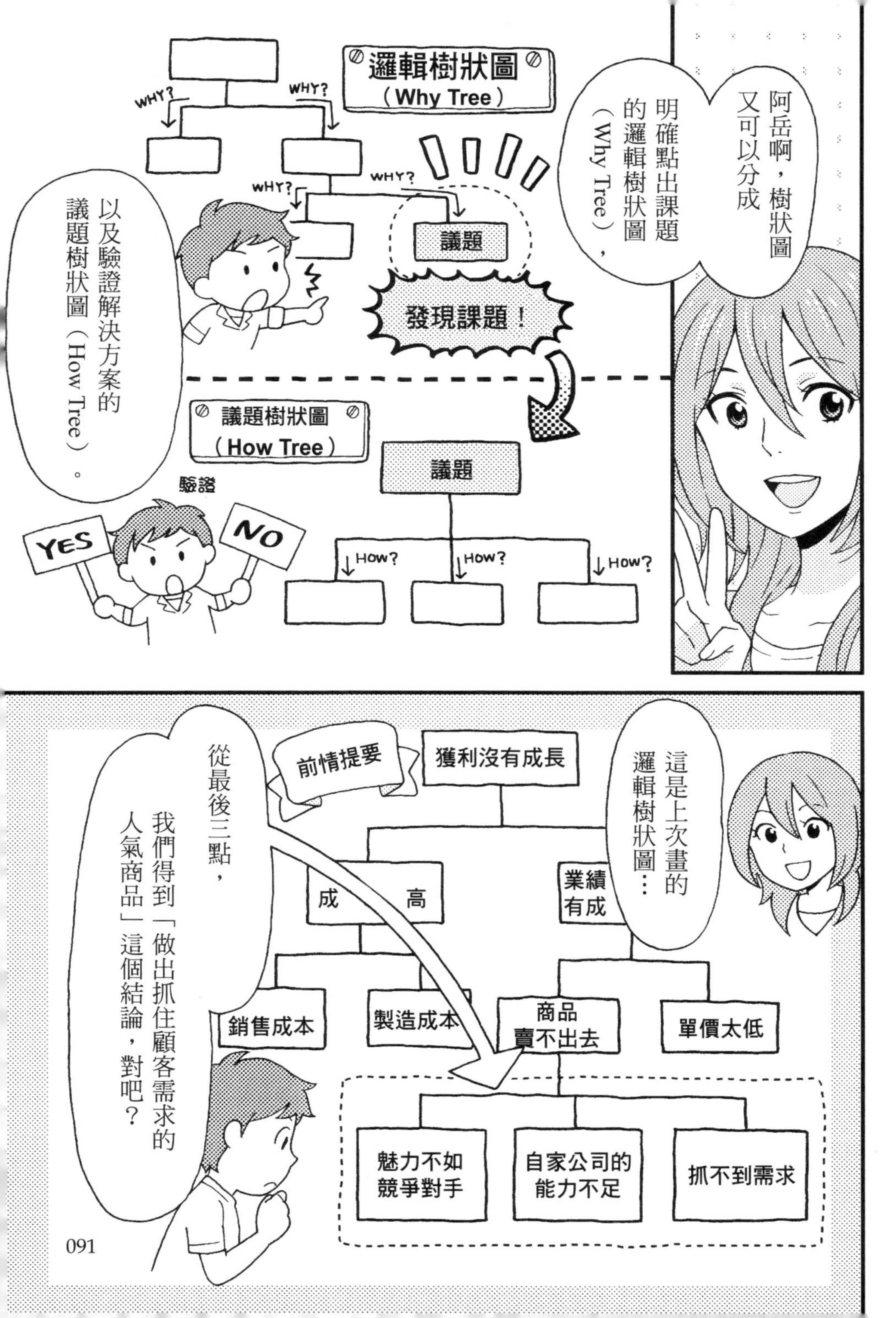

阿岳啊，樹狀圖又可以分成
明確點出課題的邏輯樹狀圖（Why Tree），
邏輯樹狀圖
（Why Tree）
WHY?
WHY?
WHY?
WHY?
議題
發現課題！
以及驗證解決方案的議題樹狀圖（How Tree）。
議題樹狀圖
（How Tree）
議題
How?
How?
How?
驗證
YES
NO
這是上次畫的邏輯樹狀圖……
前情提要
獲利沒有成長
成
高
業績
有成
銷售成本
製造成本
商品
賣不出去
單價太低
魅力不如
競爭對手
自家公司的
能力不足
抓不到需求
從最後三點，
我們得到「做出抓住顧客需求的人氣商品」這個結論，對吧？

也就是說，接下來，我們將以這個結論（議題）為出發點，製作議題樹狀圖，
是否該開發人氣商品？
人氣商品能否提升業績？
能否用人氣商品以外的產品提升業績？
嘰
然後用YES和NO逐一驗證假說。
「人氣商品能否提升業績」，這當然是YES吧？
嚼
嚼
嗯
嗯
沒錯，就是這樣。
所以我們要針對提升業績的方式，擬定假說嗎？
是否該開發人氣商品？
YES
能否提高業績？
以誰為目標？
商品定位是？
沒錯！接著要決定目標客群和產品定位。
細分？
為什麼？
我們希望大家都能喜歡清古堂的甜點，細分客群有什麼好處嗎？
先從目標開始想起吧。
將顧客細分並區隔。
不分男女老幼，每個人都喜歡的和菓子，這的確是清古堂甜點的魅力，
可是啊…

和菓子市場已經趨近飽和，競爭對手也不斷增加…
××本舖
〇〇屋
有名的豆沙包店
△△店
西式和菓子最受歡迎！
全國各地都有分店！
□□家
人氣紅豆沙店
清古堂
歷史悠久…
如果不鎖定商品定位，強調企業的優點，是沒辦法生存的哦！
這樣啊…所以為了推出人氣商品，必須鎖定目標和市場，再進行開發…
市場
鎖定目標！
LOCK ON!
鎖定目標，像是男性或女性，
其他還有年齡層，像是特別針對年輕族群之類的。

原來如此！只要針對某個性別與年齡層就行了吧？
嗯！只不過，特定的性別或年齡感覺有點無趣呢…
咦？無趣？
…
我的意思是，鎖定性別或年齡太常見了。
啊！那這樣如何？
不管性別和年齡，把顧客分為本地人
和外地人，這樣可以嗎？
嗯嗯，老顧客和其他顧客買的甜點的確不太一樣呢。
嚼
嚼

外地人還可以再繼續細分，像是觀光客，以及「洽公」的人，
還有返鄉的人！
不錯！就是這樣，不要重複、不要遺漏地儘量細分吧！
拔
洽公的人…
…
嘰嘰
對了！

觀光客還能分成日本觀光客和外國觀光客吧？
JAPAN
WORLD
鎮上的外國觀光客越來越多了，不是嗎？
是這樣嗎？
可以的話，只把範圍鎖定在外國觀光客也……
！
但我們是日本人耶？
沒錯沒錯，
我們又不知道外國人喜歡什麼……
不過，這不是一個很有趣的方向嗎？

觀光客的人數多，還會買很多伴手禮。
土產專區
還有這個！
這也不錯！
尤其外國觀光客的消費力很高，我認為這是一個不錯的方向！
說起來簡單，我們沒做過伴手禮，清古堂一直以來做的，都是本地人喜歡的傳統和菓子哦。
妳的想法太跳躍了，不切實際吧？

那這麼問吧，你覺得和菓子的價值是什麼？
！
比如作為美味食物的價值⋯⋯
好吃！
Oh！日本風真讚
饋贈親友的禮物
外觀漂亮
像是外觀漂亮、適合送禮、看起來高級等等，都可以說是它的價值。
作為日本傳統文化的象徵，也可以說是它的價值之一。
我懂了！
雖然和我們過去的方向完全不同，感覺很跳躍，
但只是改變我們對和菓子的價值認知，我們依然是和菓子店，這點並沒有改變。
這樣想的話，和菓子真的很適合當伴手禮呢！
好像有各種可能性。

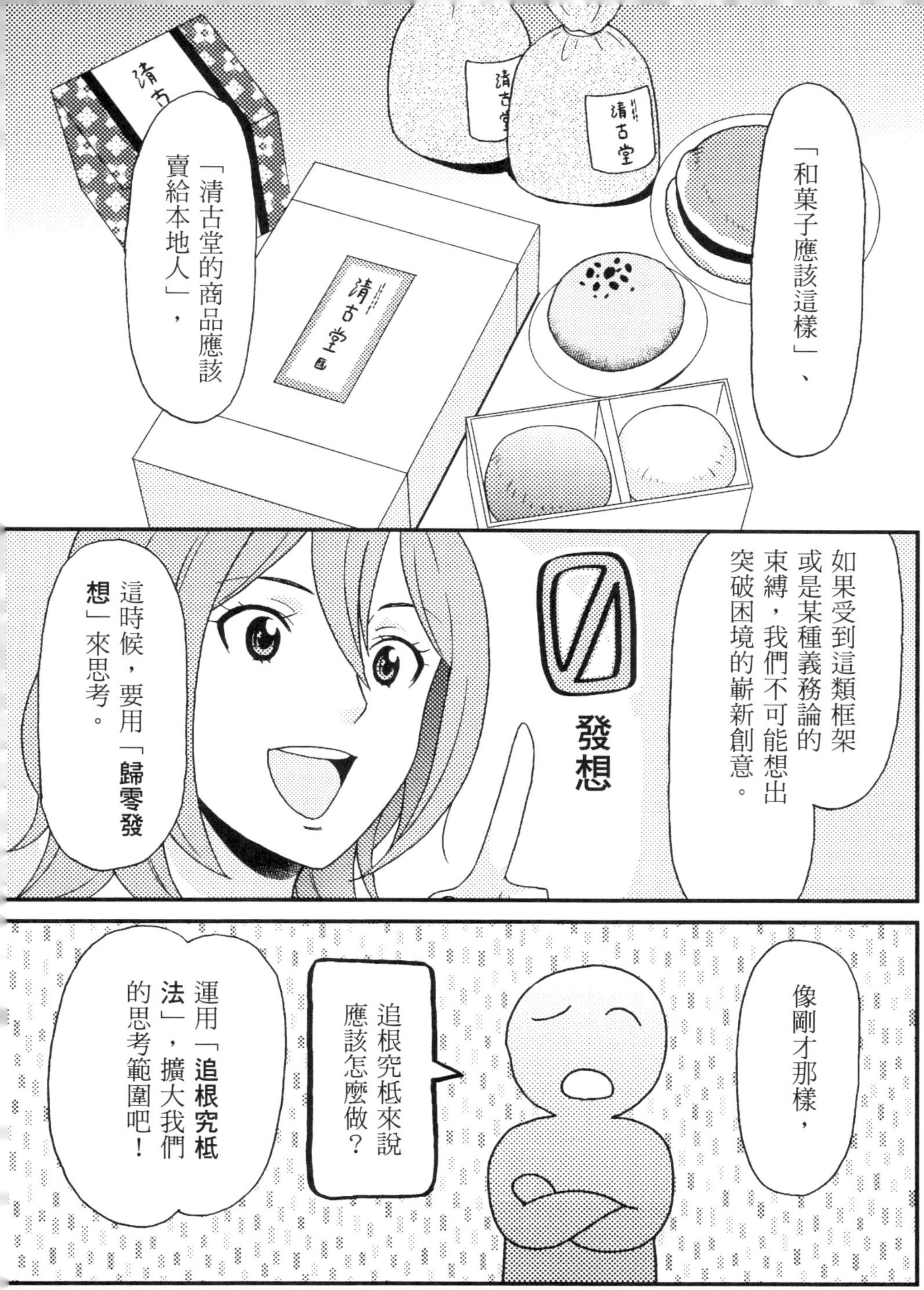
清古堂
「和菓子應該這樣」、
「清古堂的商品應該賣給本地人」，
如果受到這類框架或是某種義務論的束縛，我們不可能想出突破困境的嶄新創意。
發想
這時候，要用「**歸零發想**」來思考。
像剛才那樣，
追根究柢來說應該怎麼做？
運用「**追根究柢法**」，擴大我們的思考範圍吧！

接下來，就從伴手禮為出發點，以歸零發想的角度，來思考新商品的概念。
想提升業績，我們希望什麼樣的外國觀光客上門？
果然還是亞洲人吧，地理位置近，人數又多。
觀光客
日本人
外國人
亞洲
歐洲
那我們就將範圍鎖定在亞洲觀光客！
把「亞洲」圈起來……

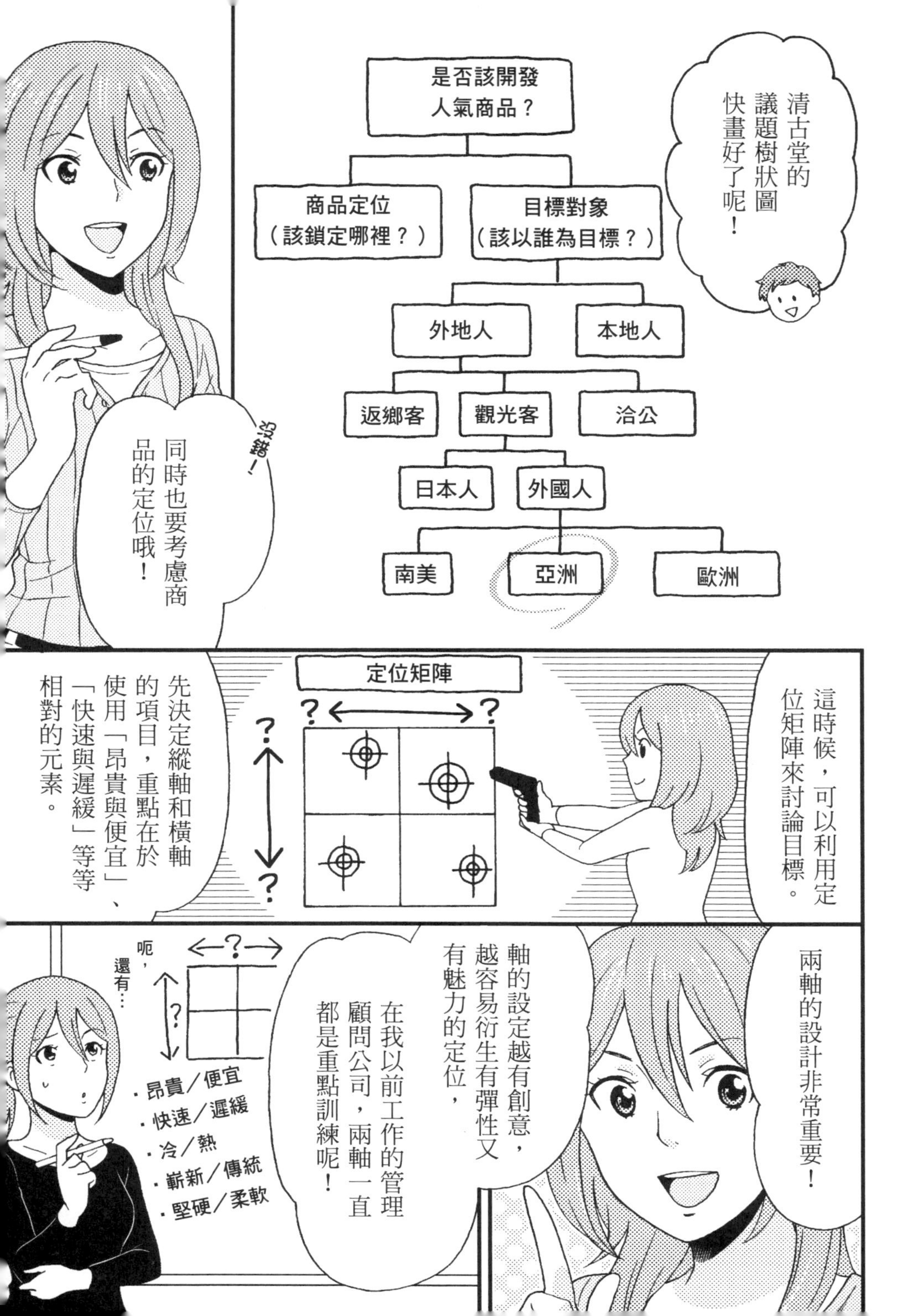
清古堂的議題樹狀圖快畫好了呢！
是否該開發人氣商品？
商品定位（該鎖定哪裡？）
目標對象（該以誰為目標？）
外地人
本地人
返鄉客
觀光客
洽公
日本人
外國人
南美
亞洲
歐洲
沒錯！
同時也要考慮商品的定位哦！
這時候，可以利用定位矩陣來討論目標。
定位矩陣
先決定縱軸和橫軸的項目，重點在於使用「昂貴與便宜」、「快速與遲緩」等等相對的元素。
兩軸的設計非常重要！
軸的設定越有創意，越容易衍生有彈性又有魅力的定位，
在我以前工作的管理顧問公司，兩軸一直都是重點訓練呢！
呃，還有…
・昂貴／便宜
・快速／遲緩
・冷／熱
・嶄新／傳統
・堅硬／柔軟

伴手禮的定位
相對的元素…日式和西式可以嗎？
豆沙包是日式伴手禮，餅乾則是西式…
我覺得用類別來區分伴手禮的定位，好像比較容易理解…
我也這麼認為！
另一個軸用高價和平價如何？
畢竟價格也是一項很重要的元素！
定位矩陣的確很常使用這個元素，不過似乎少了一些創意…
嗯~~
創意啊…？
吃吃吃
再說，你們覺得外國觀光客會介意價格嗎？
便宜一點當然比較好，不過難得出國一趟嘛…

自用的伴手禮和饋贈重要親友的伴手禮…這種時候應該不會太拘泥價格吧？
亞洲人很喜歡購物嘛！
嚼
嚼
嚼
這個也好好吃…
因此，他們也比較講究。
小岳，會變胖哦！
你們認為亞洲觀光客會講究什麼？
我想是日式風格，還有…
嚼
能感受到日本歷史與文化的精緻工藝，這個也很受歡迎吧？
那樣不管多貴都買得下手的樣子

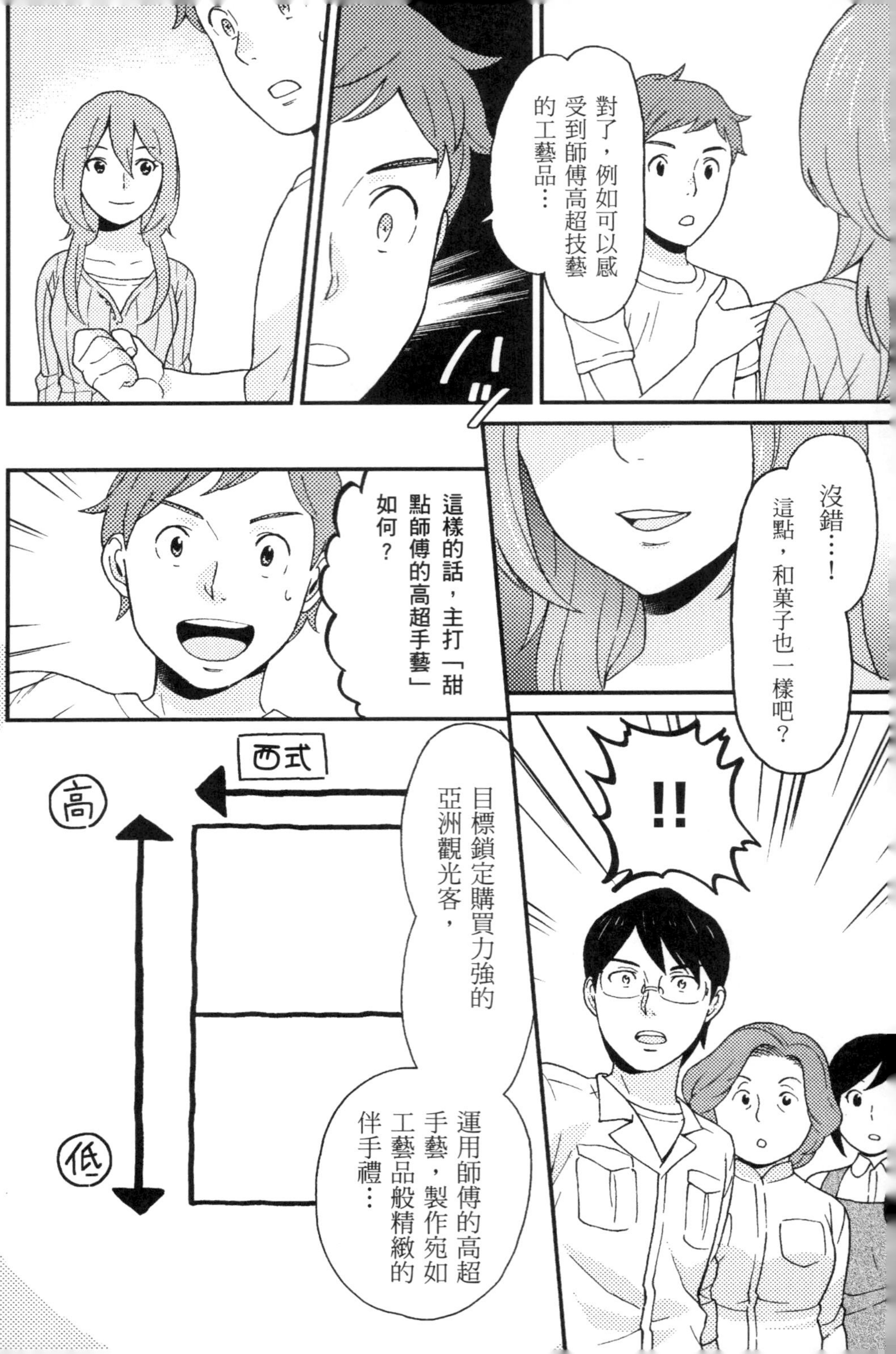
對了，例如可以感受到師傅高超技藝的工藝品…
沒錯…！
這點，和菓子也一樣吧？
這樣的話，主打「甜點師傅的高超手藝」如何？
!!
目標鎖定購買力強的亞洲觀光客，
運用師傅的高超手藝，製作宛如工藝品般精緻的伴手禮…
西式
高
低

這就是很好的歸零發想！
西式
日式
高
低
師傅手藝
嘰
目前鎮上應該還沒有人開發這塊，就把它當成目標吧？
運用清古堂師傅高超手藝的優勢，應該能製作出這樣的和菓子，而且還能成為人氣商品！
清古堂
這就是這次問題具體的解決方案吧！
製作吸引亞洲觀光客的高價格與高價值，充滿日本傳統與藝術性的和菓子！

方法8

怎麼尋找解決方案？「議題樹狀圖」讓你不再亂槍打鳥

解決問題時，最重要的是儘早擬定假說，也就是設定暫時的解答。

為什麼需要假說？即早擬定假說，就可以儘快驗證它是不是正確答案。不要亂槍打鳥地尋找解決方案，先暫定一個看起來效果最好的答案，再驗證它的真實性，即可省力、快速地解決問題。

舉例來說，當你得知課題是「沒有人氣商品」時，應該迅速擬定暫定的解決方案（假說），再驗證假說是否正確。如果驗證結果得知假說錯誤，則擬定下一個假說，再次驗證。重複這段過程，就可以導出正確答案。

這時，我們要利用**議題樹狀圖**。議題樹狀圖以最重要的課題（議題）為出發點，羅列出各種課題的原因，用ＹＥＳ、ＮＯ來驗證該假設是否正確。

相對於邏輯樹狀圖重視原因（Why、Where），議題樹狀圖則是用於驗證方法（How），所以邏輯樹狀圖與議題樹狀圖又分別被稱為Why Tree與How Tree。

議題樹狀圖的製作方法與邏輯樹狀圖大致相同。

舉例來說，清古堂要驗證「是否該開發新商品」（請見圖2-1）。然而，在根本不知道該開發哪種商品的情況下，結果就會以「這樣應該可以吧」的曖昧意見收場。

所以，我們要分別以「目標客群」及「商品的市場定位」進行思考。

這時，我們也可以利用3C等分析架構，將其分成以下四點，並進行分析。

- WHO（要賣給誰？）
- WHAT（要賣什麼？）
- WHERE（在哪裡賣？）

● HOW（怎麼賣？）

接著，根據先前拆解的項目進行驗證。例如，用外地人或本地人來驗證，如果判斷「之前都賣給本地人，所以接下來也想賣給外地人」，「外地人」這個項目就是YES，然後往下推進。用爬格子的方式朝YES的方向前進，走到終點後，就能看見「應開發商品」的全貌。

如果說YES的理由夠明確，表示該議題正確。相反地，如果無法肯定地說YES，則可以得知這裡應該驗證。用這種方式釐清解決問題的方法。

◎邏輯樹與議題樹

第一章的邏輯樹狀圖與議題樹狀圖之間的關係，如圖2-2。邏輯樹狀圖最後的結論，會變成議題樹狀圖最上方的議題，供我們驗證。

圖2-1 整理論點的樹狀圖（以清古堂為例）

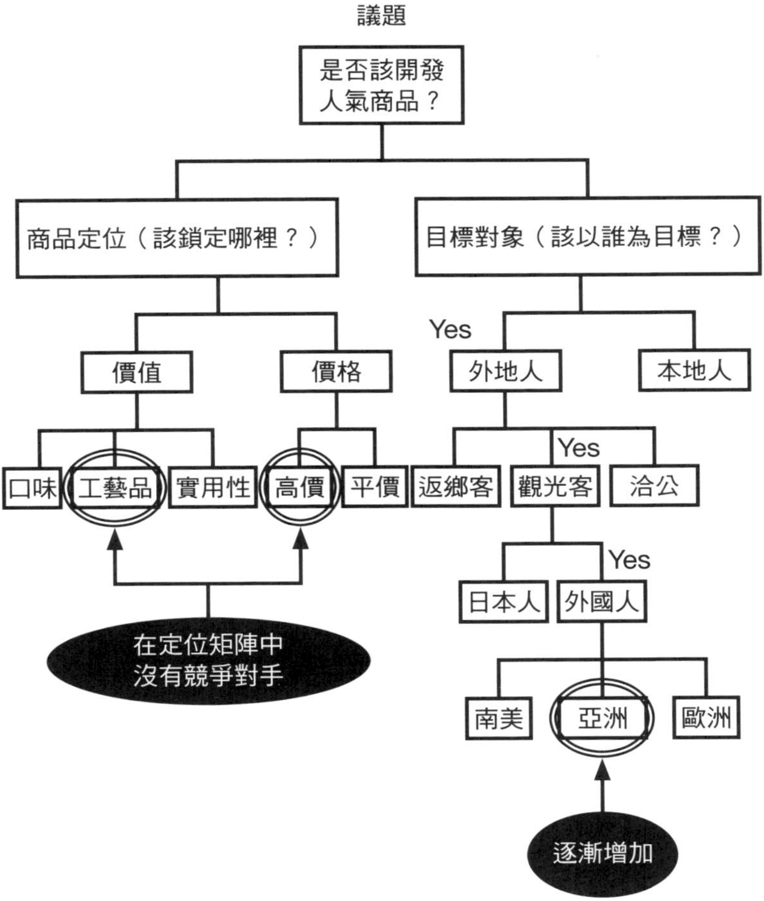

圖 2-2　邏輯樹狀圖與議題樹狀圖

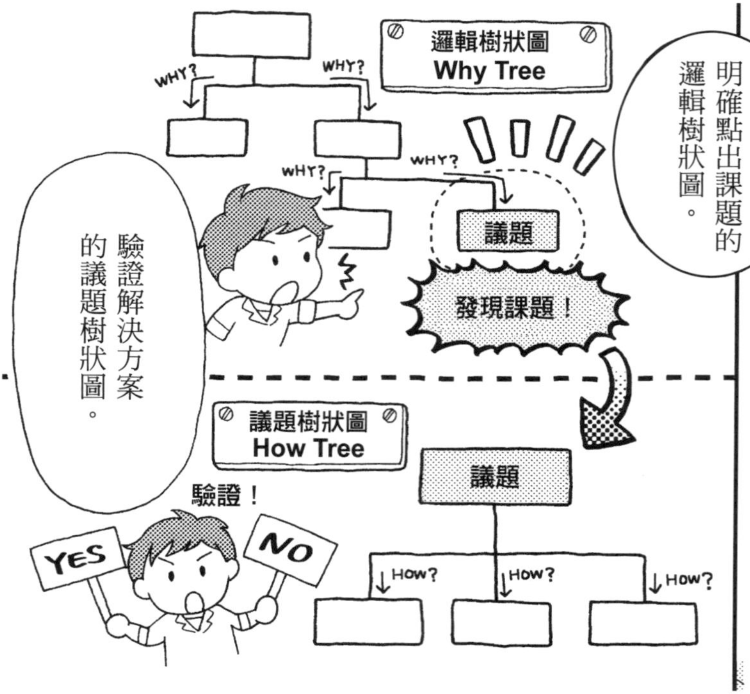

方法9

如何從紅海轉到藍海？用「定位矩陣」發現魅力市場

「定位矩陣」指的是用兩軸將正方形分區，分別擺上市場上的商品，是決定優先順序、挑選所需物品時最常使用的分析架構。

在軸的部分，**最好選擇相對的元素**，例如：速度與品質。大家最熟悉的應該是以急迫性與重要性為兩軸，思考工作優先順序的矩陣（請見圖2-3上）。以急迫性與重要性為兩軸，將待辦事項繪製成一目瞭然的圖表，從較急迫與較重要的工作開始著手，就能有效率地處理工作。

此外，正如清古堂的範例，在思考新商品或提供新服務時，定位矩陣也可以幫助大家思考自家公司的定位。

清古堂將商品區分為「日式」、「西式」、「師傅手藝高」、「師傅手藝

圖2-3 定位矩陣

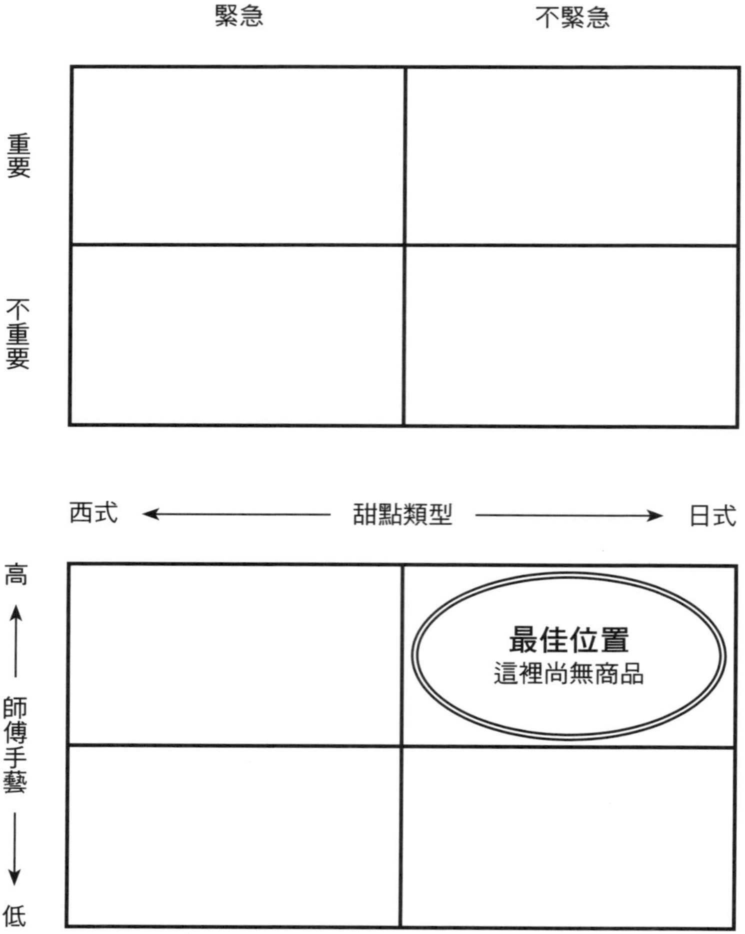

低」，並將條件繪製成圖表（請見圖2-3下）。於是，他們發現在「針對外國觀光客，運用師傅高超手藝製作和菓子」的市場，沒有其他競對手。這是最佳位置，也就是低競爭的魅力市場。

定位矩陣還有其他不同的用法，請各位務必試著應用。

◎用「2軸」思考

用好的雙軸思考，是培養思考能力的良好訓練。定位時，使用不同的軸分析，會產生截然不同的結果。

舉例來說，過去一直針對「價格」與「口味」，來設計與生產啤酒，現在我們認為「口感」也很重要，於是以口感為軸進行探討，結果成功發掘新的市場需求，開發出熱賣的人氣商品。因此，找到好的軸非常重要。

軸設計得越好，越容易找到具潛力的藍海市場，也就是沒有競爭對手、顧

客需求高的市場區塊。如果能針對藍海市場開發商品，就可以提高成功率。相反地，如果軸選得不好，只會畫出已徹底被競爭對手占據的矩陣，就只能找到紅海市場。

只要實際分析熱銷商品，就有機會找出新的軸，並且在競爭對手尚未出手的空白區塊推出商品。找到好的定位，自然能明確釐清商品的概念為何。

找到可行性高的切入點，接下來要用什麼軸來思考，就是顧問大顯身手的時機。我在麥肯錫時，每天都要練習至少想出十種軸。如果能找出前所未有的切入點，更容易命中目標。

◎利用意外性找到可乘之機

另一項要注意的重點是意外性。

最近，市面上多了不少以鹽製作的點心，大家應該都看過鹽巧克力或是鹽冰淇淋吧？過去，人們一直認為甜點店就要做甜食，所以只提供甜的點心。也許只是換個想法，以「甜中帶鹹」的軸來思考，結果就帶動了熱潮。

好的切入點與軸的設計，有助於幫我們找到充滿商機的創意商品。找到切入點是顧問的工作，也是許多商務人士大顯身手的機會。

方法 10

你的想法被綁架嗎？追根究柢能拓展思考和創意

思考問題時，你是否會受到自己既有的觀念束縛？

舉例來說，剛開始清古堂一聽到和菓子，只會浮現點心、伴手禮、老人家喜歡等念頭。在既有觀念下思考，容易受到自身經驗的影響與限制，難以想出獨樹一格的新創意。

這時，有一個很好用的魔法字句，叫做**「追根究柢」**。

「追根究柢來說，它的價值在哪裡？」

「追根究柢來說，這是怎麼回事？」

「追根究柢來說，我們想要怎麼做？」

用這種方式抛出問題，可以跳脫自己主觀的思考框架，回到原點並重新思考。如此一來，更容易想出前所未有的嶄新創意，例如：

「追根究柢來說，和菓子的價值是什麼？」

「漂亮的外觀也是它的價值。將日本的四季化為實體，某種意義來說，它也能作為宣揚日本文化的手段。」

「熱量低，減肥時適合用來犒賞自己。」

當思考陷入瓶頸時，請追根究柢地想一想，也許你會有新的發現。

此外，追根究柢也是一句能**有效拓展他人可能性的話語**。

當某人的工作不順利時，即使你問他：「為什麼做不好？」他應該也回答不出來。如果知道原因，早就採取行動了。

因此，我們可以試著丟出這些問題：

「追根究柢來說，你覺得哪裡不對勁？」

「追根究柢來說，你想要怎麼做？」

會議一直沒有進展時，也可以這麼問：「追根究柢來說，我們到底想做什麼？」

也就是說，使用追根究柢法回顧根本，就能夠用更宏觀的視野思考，發現新創意與疏漏之處。

專欄　連交友與擇偶，也能用3C和定位矩陣來考量

我進公司的時間也不短了，差不多想結婚了。

妳喜歡哪種對象？

老實說，我想跟帥氣的創業家談戀愛。

這也可以用3C思考哦。首先，帥氣的創業家（即3C中的市場）會喜歡哪種類型的人呢？

可愛、聰明，還要有品味。

妳的優勢是什麼？

唔……，我擅長傾聽，也很會做菜。

競爭對手會是什麼樣的人呢？

對手應該很強吧，可能是模特兒或是空姐之類的。

我幫妳整理好了（120頁圖表），妳覺得怎麼樣？

唔……，看來要吸引帥氣的創業家，難度有點高耶！

妳要不要考慮換個市場呢？放棄創業家，考慮資訊業的商務人士如何？

這時的對象是宅男，喜歡擅長傾聽的對象。競爭對手是一般粉領族。好像可行？正好有一場資訊業的讀書會，我去參加好了。

要不要再看一下定位矩陣？用「擅長傾聽、不擅長傾聽」與「會做菜、不會做菜」這兩軸來看看吧。

參加者A只顧著自說自話。參加者B好像不會煮飯。妳看，「擅長傾聽、會做菜」正好空著呢！我馬上去報名讀書會！

像這樣，3C和其他分析架構，也可以運用在與商務完全無關的場合。別認為這些分析架構只能用在工作上，請大家多方應用。

婚活的3C與定位矩陣分析

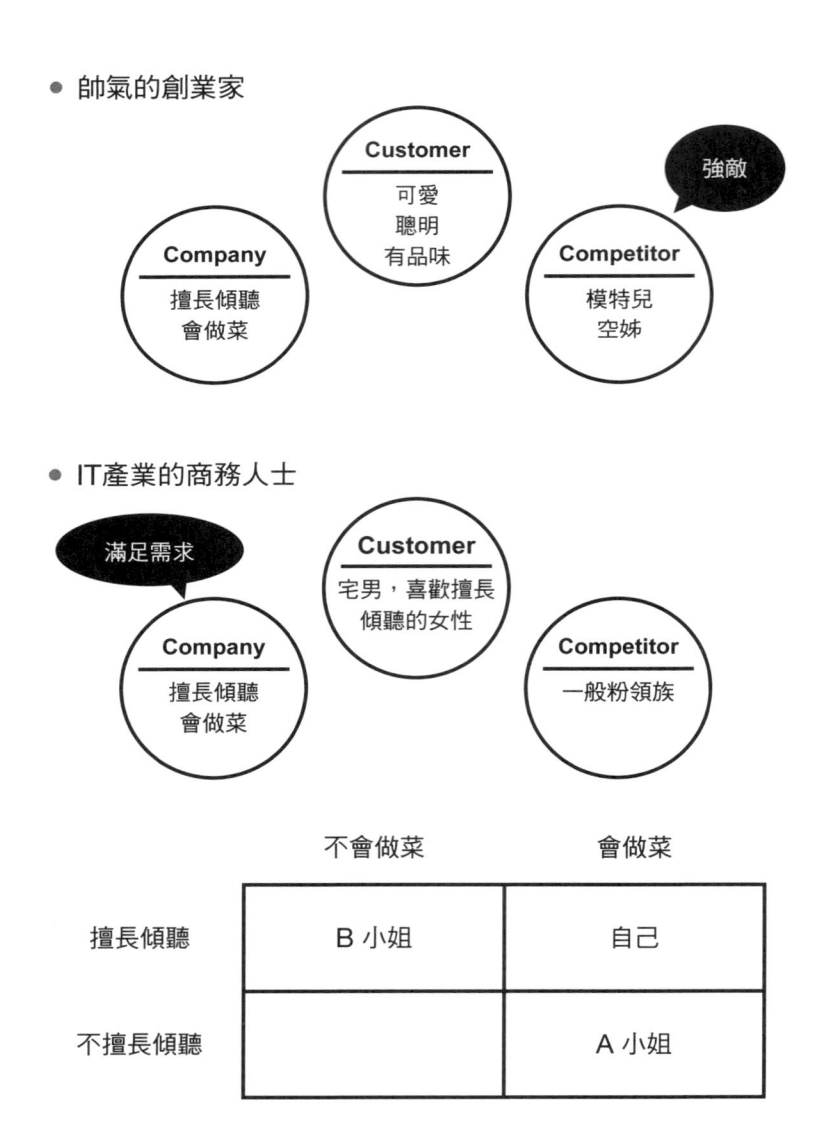

● 帥氣的創業家

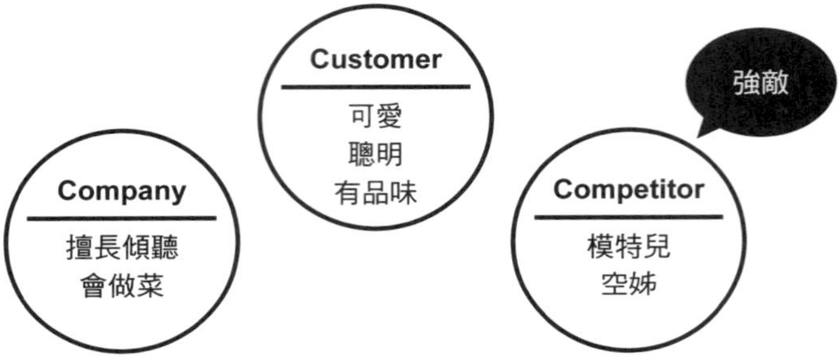

● IT產業的商務人士

	不會做菜	會做菜
擅長傾聽	B 小姐	自己
不擅長傾聽		A 小姐

重點筆記

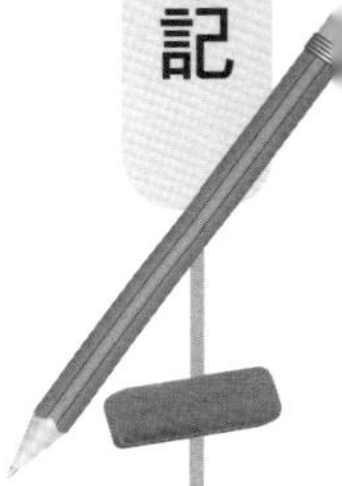

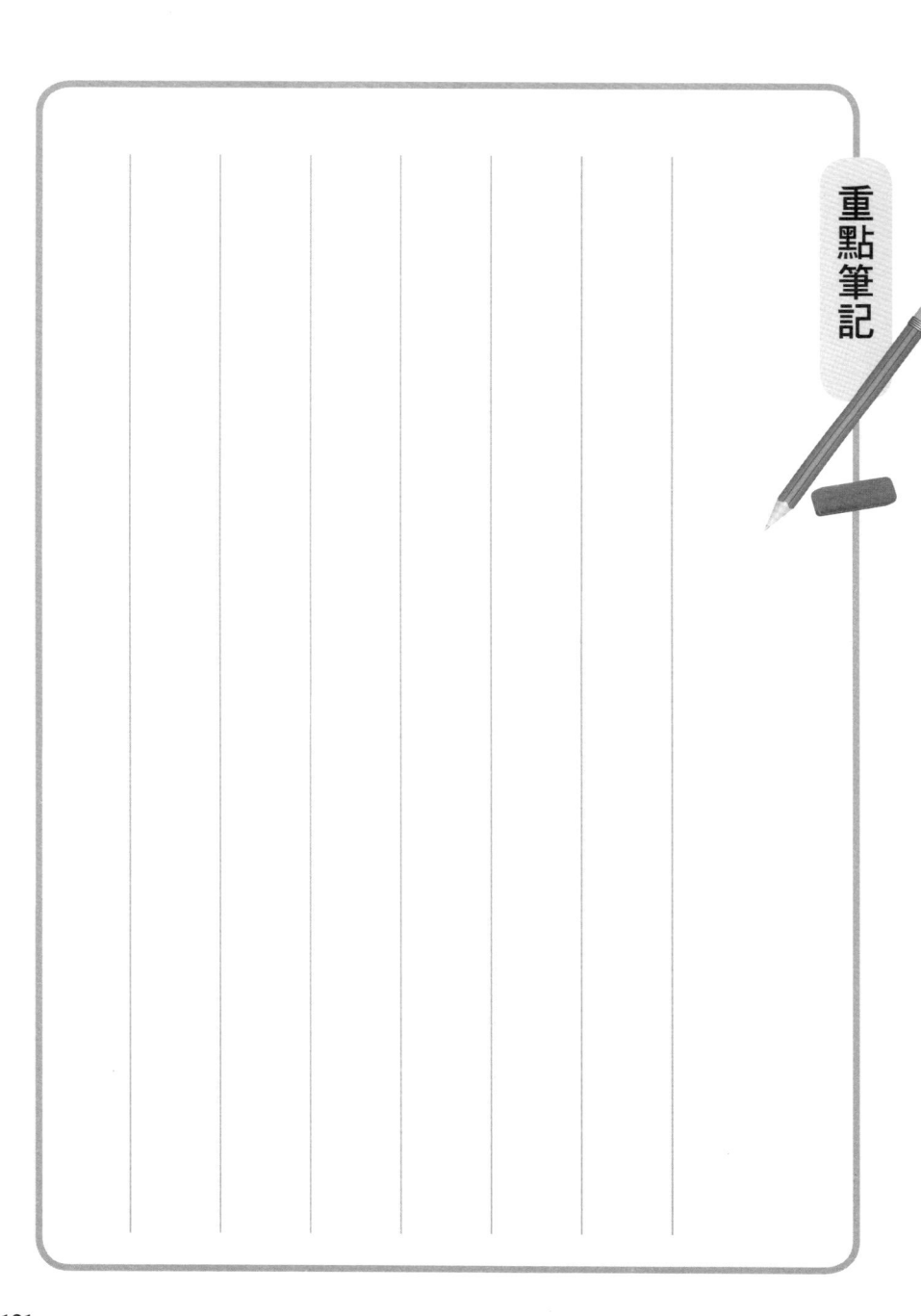

第3章

用第一手調查研究加上簡報，驗證假設

本章學習重點

- 市場調查的方法
- 導出事實的問卷
- 金字塔結構
- 簡報的訣竅
- 影響他人的方法

亞洲觀光客會想買的、
高價格和高價值、
充滿日式風格和藝術性的和菓子！
小譽學姐！
為什麼要特地上街，直接訪問觀光客呢？
你太天真了！
即使分析市調結果，這是不是大家真正的心聲…
阿岳你知道嗎？

所以接下來，要用這個做市調！
問卷
我學過兩個市場調查的祕訣。
第一，一定要確認出處！
然後，另一個就是…
跨出
親臨第一線，徹底確認！
想解決問題，一定要靠自己的雙腳，蒐集、尋找第一手資料。
快步

歡迎光臨
我們的小鎮！
!?
中、中、中、
中文！？
您是中國人嗎？
現在是要去買伴
手禮嗎！？
妳會說中文啊!?
嚇我一跳！
不過我還是比較
擅長英文啦！
把外帶盒
拿過來。
方便耽誤您一點
時間，協助我們
做份問卷嗎？
請問您比較喜歡
哪一種點心呢？

謝謝您！
市場調查跟警察跟監、問案差不多。
不要用自己的既有觀念，判斷蒐集來的資料，坦然接受所有意見是很重要的。
問卷
女性／男性
中國旅行團 40~49歲
喜歡櫻花麻糬
花形和菓子博得好評
紅豆沙→白豆沙
抹茶口味
喜歡
討厭
Caffè
蒐集了好多！

但問卷和數據可不是蒐集完成就好。還要把蒐集來的大量資料…
Data
資料
分成「事實」與「意見」。
事實
意見
事實的說服力最強，
(人)20
15
10
5
女
男
他
40
30
20
觀光客資料
中國人
他人的意見也相當值得參考。
把資訊區分為事實與意見，再將分析結果運用在新產品的食譜上…

也許就能創造出符合「開發人氣商品」這個解決方案的新甜點。
有一種思考法叫做「天空・雨・傘」…
放下
「天空・雨・傘」？
沒錯。
倒入
事實＝灰濛濛的天空
基於事實
解釋＝快下雨
判斷狀況，加以解釋，
行動＝帶傘出門
再根據解釋採取行動，

在最佳時機實施最好的解決方案。
天空
事實
烏雲密佈
外國觀光客增加
雨
解釋
好像快下雨了
外國觀光客好像都會買大量伴手禮
傘
行動
帶傘出門
針對外國觀光客販賣伴手禮
不過，別太受他人意見影響，有自己的想法也很重要。
！
如果你的意見和想法夠「性感」，就可以影響更多人哦！
什麼意思！？
性感！？
就是挑動人心、吸引人的力量。
如果能交出這種成果，應該可以打動師傅。♪
妳說得沒錯…

實際上，還是要由手藝高超的師傅，製作高價值的甜點。
我們要根據分析和驗證的結果製作表格，向大家做簡報吧？
尤其是資深的梶田先生，只要他不認同，就絕對不會幫忙…
沉默寡言又嚴厲
有點可怕…
他會認同我的提案嗎？
一定要讓他認同啊！
請把你的心意放進邏輯裡。要打動對方，需要感情，也需要邏輯。
也就是「愛與邏輯」。
愛…

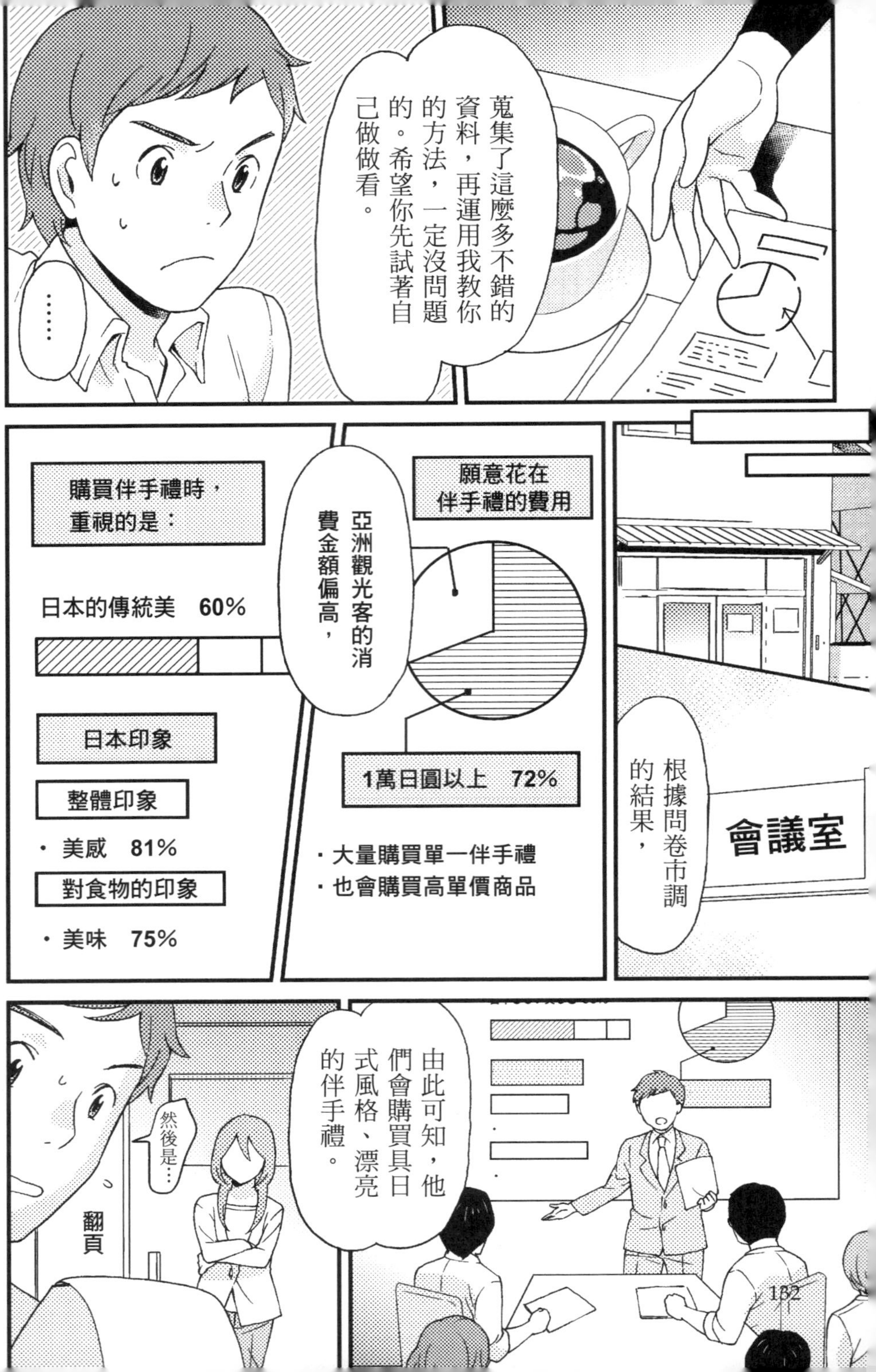
蒐集了這麼多不錯的資料，再運用我教你的方法，一定沒問題的。希望你先試著自己做做看。
……
根據問卷市調的結果，
會議室
願意花在伴手禮的費用
亞洲觀光客的消費金額偏高，
1萬日圓以上　72%
・大量購買單一伴手禮
・也會購買高單價商品
購買伴手禮時，重視的是：
日本的傳統美　60%
日本印象
整體印象
・美感　81%
對食物的印象
・美味　75%
由此可知，他們會購買具日式風格、漂亮的伴手禮。
然後是……
翻頁

如果是在他們國家絕對買不到、吃不到的伴手禮，而且是高價值的甜點…
具備日本美，能夠感動多數亞洲人的味蕾，
如果我們能開發出具備上述條件的甜點…
……
所以，你說要怎麼做？
!

外國觀光客喜歡高價值的伴手禮，以及你們想叫我們製作高價值的甜點……這些事我已經明白了。
所以，要把責任全都推到我們身上嗎？
丟
清古堂
!
喀嗒
你們自己也想一些具體的甜點提案再說。
清古堂

照現在的情況，如果新商品賣不好，是不是要把責任怪到我們頭上？
……！
清古堂
關上
喀啦
喀啦

沙沙
真是沒有愛也沒有邏輯、差強人意的簡報。
可、可是…我也不是完全沒在想啊，
因為我覺得應該尊重大師傅的想法…
……「So What?」
!

怎麼做？
梶田師傅也問了同樣的問題吧？
「So What？」
「So WHy？」
So What?
所以呢？
So Why?
為什麼？
你應該不斷自問自答，鎖定具體的解決方案，直到自己和對方都能心服口服。

如果想尊重師傅，應該用更簡淺易懂的方式，表達你的想法，
得多放一點感情才行。
這次的問題，如果清古堂不能齊心協力、凝聚共識，就沒辦法解決。
我們要讓清古堂的員工具備當事者意識。
別把它當成「我」的問題…
而是當成「我們」的問題。
握拳
「我們」的問題…

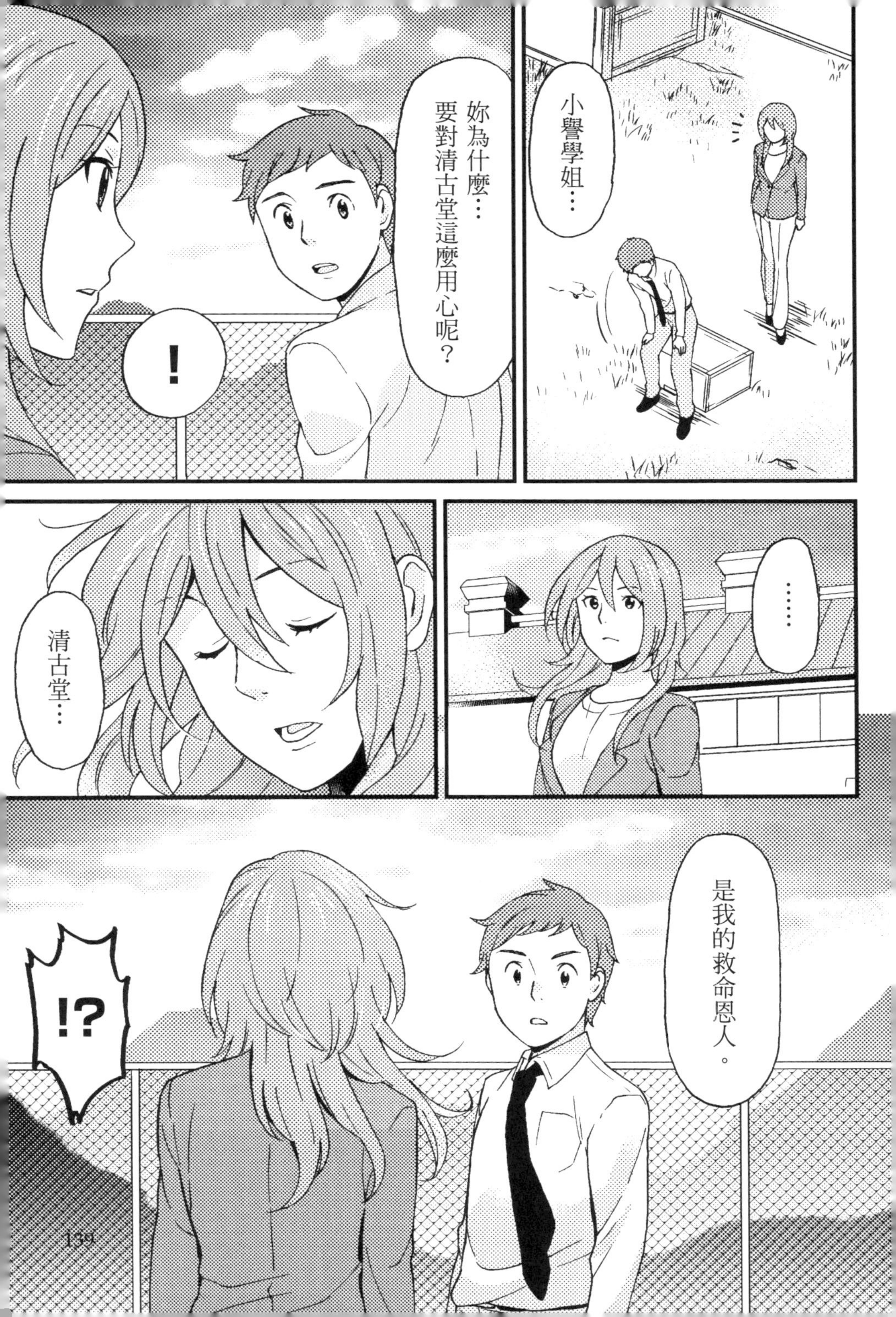
小譽學姐…
妳為什麼…要對清古堂這麼用心呢？
！
……
清古堂…
是我的救命恩人。
!?

以前老家生意不順的時候，
廣瀨雜貨店
清古堂
清古堂一直鼓勵、支持我們，
清古堂的甜點拯救了我們的心靈。
後來，我們家東山再起。長大之後，父親對我說：
「要是沒有清古堂，我可能已經走上絕路了。」
!!

清古堂是我們鎮上的「寶物」，絕對不能讓它倒閉。
犧牲一切，在所不惜。
全力以赴！
目標甲子園!!
犧牲一切，在所不惜。全力以赴！
你也是一直沒放棄棒球，
開始打擊
是！
最後成了正式球員，不是嗎？

伸出
請阿岳做簡報的時候，在三十秒以內，講完最核心的訴求。
!?
別做自己想做的資料，要做對方能理解的資料。
30秒…
如果不能在搭電梯那麼短的時間內說明，
表示你還沒完全理解自己想表達的內容。
你想傳達的是什麼，也就是核心是什麼？
請你好好思考這一點。

請大家看這裡！
我運用「金字塔結構」，
簡單彙整了提案的根據。
提案
根據(1)（關於市場）
根據(2)（關於競爭對手）
根據（關於自家公司）
實
事實
事實
事實
事
我的提案是針對外國觀光客，開發日本風味的新商品。
對象：外國人
內容：開發日本風味的商品
第二個根據是，新商品目前尚無競爭對手。
外國觀光客喜歡日本甜點師傅製作的精緻和菓子，這是一個前景看好的定位。
西式
點心的類型
日式
高
師傅的手藝
低
對此，我有三個根據。第一是市場正在成長。
我們可以舉出這些事實。
新商品品牌
根據(1) 市場正在成長
事實A 亞洲的外國觀光客有增加趨勢
事實B 外國觀光客有大量採買日本風味伴手禮的傾向

最後是我們公司，
因此，我們應該開發出外國觀光客喜歡的漂亮和菓子。
我相信清古堂辦得到！
清古堂的優勢在於師傅高超的手藝。
擬開
根據(3)
清古堂的優勢是師傅高超的手藝
目前競爭對手還不具備這種能力。
我提出的具體方案…
不成氣候，可能還有些籠統，
以此為原案，我們一起來思考和創造，好嗎？
創意提案 ①
花型
數層花瓣堆疊以漸層色系表現立體感
仿照瓷器製作的可食用容器
日式圖案

創造清古堂的、
創造清古堂的獨特甜點！
靠我們所有人的力量…堅守到最後一刻，好嗎？
……
清古堂

嗒
嗒
！
這個草案簡直慘不忍睹……。
你完全不明白，開發新甜點有多麼辛苦，
創意提案①
花型
數層花瓣堆疊
以漸層色系表現立體感
②
不過，
你熱愛清古堂以及清古堂的甜點，這份心意，我感受到了。

我們一起開發，創造能拯救清古堂的甜點吧。
清古堂
好…
好的…

喀
接下來…
喀
現在可不是哭的時候哦！
用力拍
好痛!!
接下來才是勝負關鍵！
一定要儘快…用我們的手創造新的甜點！
我們也應該提出意見才行。
沒錯，我們大家一起來做吧！

幾天後
白玉湯圓
紅豆
山下提案
佐藤案
日本風味
原案
中原富子 提案
木曽
創意提案
紙鶴甜點
加入季節感的設計
雪花
冬
漸層色系
手工糖藝
豆沙餡
紅色部分
使用本地草莓
可愛、別緻的包裝盒
田中
仿照櫻花樹的設計
使用當季水果
秋
腳踏實地的市調
以及充滿感情的簡報……
打動清古堂的全體成員，
清古堂
所有人都成了故事的主角！

方法 11

找不到消費者喜好？注重第一手資料和實地調查

麥肯錫認為，透過書籍、報紙、網路所獲得的資訊和資料，無法稱為事實。這些第二手資料含有第三者的意見和觀點，並不是事實而是意見。因此，千萬別將這些資料照單全收，一定要**親臨第一線，找出第一手資料**。

舉例來說，我們經常在報章雜誌上，看到根據「○○白皮書」的報導。這時候，除了該篇報導之外，務必實際找出「○○白皮書」（出處），並洽詢製作「○○白皮書」的調查機構，針對該份資料的調查對象和市場定義，或是如何找出該市場的定義等，詢問更詳實的內容。

此外，除了到第一線與顧客接觸，從對話中瞭解他們的想法，還要觀察顧客的行動和遣詞用句，才能得知大眾的心聲。這種做法有點類似警察的跟監或

圖3-1　確認出處，親臨第一線

問案。

麥肯錫用這種方式掌握事實，像是「為什麼要選這家店」、「為什麼點這道菜」等，藉此發現無法由資料中獲得的寶貴資訊。

方法12

怎樣才能做出好問卷？懂得提問與傾聽，且不主觀評斷

我在麥肯錫時，經常聽到一句話：「別為了做問卷而做問卷。」這句話是什麼意思？簡單來說，就是做一份好的問卷。這件事乍看之下理所當然，但到底什麼才是好的問卷？

問卷分為好的問卷和不好的問卷。

你或許曾在問卷上看過以下題目：「請問你喜歡還是討厭這個設計？」這樣的問卷得到的結果多半是：很多人表示喜歡，但等商品實際設計出來之後，銷量並不好。為什麼會這樣？

請回想一下自己回答問卷時的情形。如果問你「喜不喜歡」，在「還算喜歡」、「不至於討厭」這兩個選項中，通常會圈選「喜歡」，對吧？

假如填問卷的人實際上都是這樣想：「如果問我喜不喜歡，我大概算是喜歡，但不會去買。」我們就不難理解，為什麼明明很多人回答「喜歡」，實際銷量卻慘不忍睹。

這樣的問卷即使做了，也得不到結果，也就是說，這是一份不好的問卷。這就是為了做問卷而做問卷。

問卷調查並不是請別人填答，然後採行最多人回答的結果即可。問卷是為了徹底鎖定以下問題的答案而做。

「什麼是你真正想要的東西？」
「什麼是你肯花錢買的東西？」

經由提問的過程，徹底找出連自己和對方都沒發現的潛在需求，這才是問卷調查和第一線市場調查的最大目的。

◎聽取第一線的聲音

問卷的題目設計，取決於要詢問的對象。

假設你現在到超市，調查主婦平常都使用哪些食材。如果你問：「你想買什麼」，這種提問很容易造成誤會。

請看看以下的範例：

你詢問：「你想買什麼？」

對方回答：「哈蜜瓜（不過太貴了，我買不下去）。」

這不是你預期的答案。因此，應該這樣問：「你平常都買些什麼？」「平常都吃些什麼？」

如此一來，對方會思索自己經常吃的食物，然後回答：「我要買肉、魚和蔬菜。蔬菜的話，我應該會買馬鈴薯、洋蔥和一些當季蔬菜。」或是說：「最常吃的應該是馬鈴薯燉肉和秋刀魚吧。」這樣就能看出他們平常選購的商品。

稍微改變提問的方式，對方的答案便會出現很大的差異。也就是說，重點在於想出可得到精準回答的問題。

麥肯錫用什麼方法傾聽真實的聲音呢？麥肯錫會要求顧問化身為銷售人員，前往第一線傾聽顧客的意見，向顧客提出能引導出其需求的各種問題。

到第一線聽取意見，透過提問親自確認：「真的好賣嗎？」「如果賣得這麼好，購買的族群是誰？」「你覺得哪一種比較好？」「你覺得什麼地方需要改進？」這是麥肯錫非常重視的環結。

最後，舉出幾個良好的提問範例（請見圖3-2），供大家參考。

圖3-2　良好的提問範例

【找出原因的提問】

- 為什麼做不好？
- 發生什麼事了嗎？
- 遇到什麼阻礙嗎？

【引導出解決方案的提問】

- 怎麼做才會順利？
- 現在該做些什麼？

【改變觀點的提問】

- 這個問題是從什麼時候開始的？
- 如果你是部屬（主管），你會怎麼做？
- 你認為五年後的你，會建議現在的你怎麼做？

【關於事實的提問】

- 剛剛發生了什麼事？
- 你平常都做些什麼？

設計大量的好問題，保存在腦袋裡備用。這麼做能讓你隨時提出好問題，引導出對方真實的心聲。

◎傾聽時不任意評斷

在採訪或是詢問意見時，**最重要的是傾聽**。不要用自己的主觀想法任意評斷，像是「這件事一定會這樣」、「這個消息不重要」，而是要專心聽對方說話，才能發現事實。先擱置自己的主觀成見，抱持中立的觀點，有助於歸零思考。

抱持中立的觀點，在工作上也很重要。例如，工作時，你會不會常常想著「我失敗了」或「這件事我做不來」？即使現在失敗，運用這次的經驗，也許下次就能成功。面對不曾做過的工作，如果只會說「我辦不到」，就會失去獲得寶貴經驗的大好機會。

不要想東想西，要把注意力放在眼前的工作上，專注於「現在」和「這裡」。

方法13

如何引導出意見背後的事實？確切抓住一個要點

◎區分意見與事實

傾聽他人意見時，重點在於區分意見與事實。傾聽時，你是否無法即時在腦中彙整，或是聽到「我認為○○」時，立刻照單全收？

「我認為○○」，這是單純的意見。

「我買了○○」、「東京有二十三區」，則是事實。

為了獲得有憑有據的資訊，**傾聽時，必須將資訊區分成意見與事實，以掌握正確無誤的事實。**

然而，我們在聽別人說話時，有時沒辦法順利分辨意見與事實。這時，幹練的顧問會透過提問，引導出意見背後的事實。

舉例來說，某人抱怨「主管與部屬溝通不良」。不過，這件事尚未經過實際查證，只是單純的意見。因此，幹練的顧問會傾聽對方的話，同時提出問題，確切掌握「為什麼他會有這種想法」。像是以下的例子：

Q：「為什麼你會這麼想呢？」

A：「因為整體工作停滯不前。」

Q：「為什麼會停滯不前呢？」

A：「因為主管忙著開會，很少參與討論。」

聽到這樣的回答後，就會知道該做的不是促使雙方改善溝通方式，而是減輕主管開會的負擔，找出雙方容易溝通的方式，如此更能有效地解決問題。相反地，如果把主管與部屬溝通不良當成事實，也許會導出錯誤的解決方案。

圖3-3　透過提問，從意見導出事實

「主管與部屬溝通不良。」
→意見

「為什麼你會這麼想呢？」

「因為整體工作停滯不前。」

「為什麼會停滯不前呢？」

「因為主管忙著開會，很少參與討論。」
→事實

「要不要減少會議次數呢？」
→具體的解決方案

方法 14

做簡報總是被打槍？用「金字塔結構」加強說明力

顧名思義，金字塔結構是指將邏輯論述堆疊成金字塔的形狀，以方便閱讀訊息的分析架構。做簡報時，這是一項很便利的工具。

金字塔結構可以使敘述變得明確，做簡報時只要秀出這個架構，就能清楚說明「問題在這裡」、「這是造成問題的原因」、「因此我們需要這個解決方案」，並且加強說服力。

我們以阿岳的簡報為例，實際製作金字塔結構（請見圖 3-4）。

首先，在**金字塔結構的最上層，填入你最想表達的關鍵訊息。下一層則列出支持關鍵訊息的觀點、根據或方法**等。其製作流程如下：

(1) 以核心課題為基礎，決定關鍵訊息

核心課題是：「提升清古堂的業績。」

關鍵訊息是：「針對外國觀光客開發甜點伴手禮。」

核心課題的答案就是關鍵訊息。

(2) 思考論述的分析架構（選擇合適的分析架構）

在這個階段，用3C確認市場、競爭對手，以及自家公司的優勢，並以定位矩陣找出目標市場。

此外，製作金字塔結構時，也可以利用以下的架構。首先說明背景：「因為市場如何，競爭對手如何，我們公司如何」，然後導出答案：「所以，這項商品一定會熱銷。」這麼做既能增加說服力，又利於MECE的彙整思考。

(3) 提出明確的根據（詢問「為什麼會這樣」來確認根據）

用「為什麼？」來確認「針對外國觀光客開發甜點伴手禮」的根據。

這部分，我們可以用3C作為依據，確認關鍵訊息的正確性：

- 市場：外國人想買能感受到日本文化的伴手禮。
- 競爭對手：尚無特別針對外國觀光客開發的商品。
- 自家公司的優勢：清古堂的師傅手藝高超。

(4) 闡明思考（重複「所以呢？」來確認意義）

由金字塔的下方開始，重新審視「所以呢？」來檢視全體的整合性，以及是否符合MECE。

如此一來，既可以看到整體結構，也能方便他人理解。以金字塔結構為首

圖3-4　清古堂的金字塔結構

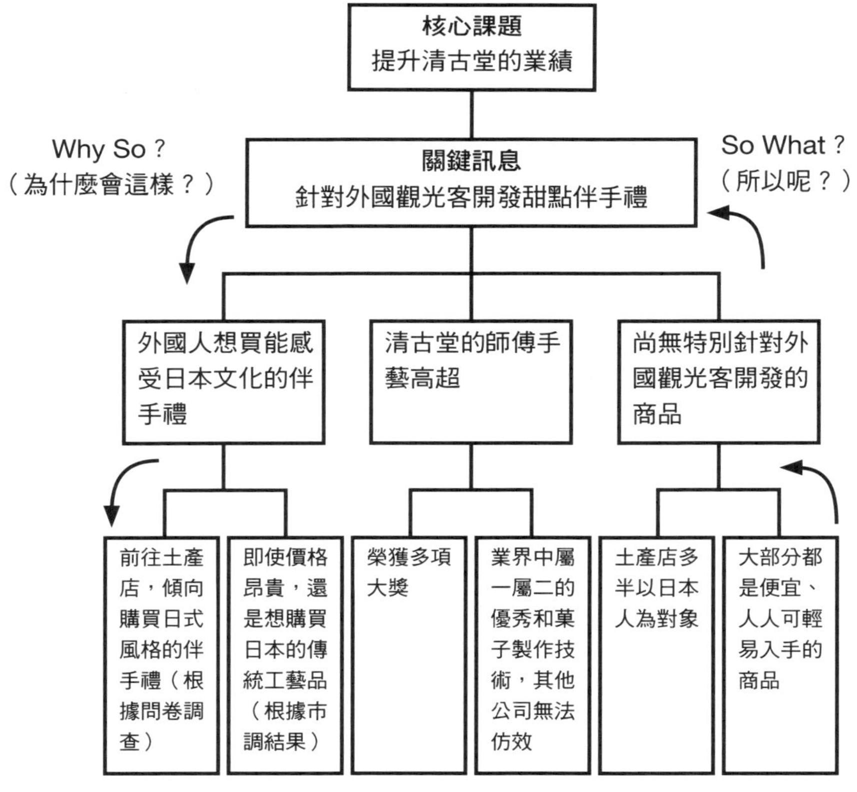

的邏輯思考，不僅可以掌握真正的問題，也是一個能促進理解的好工具。

◎說明時的注意事項

最後，說明做簡報時應該注意的三個事項。

第一，**請將說明文寫成一百字以內的簡短文章**，讓所有人只要看一眼就能理解主旨。

第二，在想要表達的文字裡，**不要放入多餘的說明與藉口**。當你感到不安時，總會不自覺地想加入更多的說明，但這麼做可能會偏離主題，反而讓對方更不容易理解。因此，要精簡文字以釐清你真正想表達的事。別讓對方感到混亂，重點在於清楚傳達你想表達的重點。

最後，別提出抽象的答案，**結論務必具體**。例如，提到嶄新的創意時，對方不會瞭解哪些才是嶄新的部分。如果不能具體展示何謂嶄新的創意，將無法引起對方的共鳴。

方法15

麥肯錫顧問如何做簡報？掌握3個要訣和30秒

◎讓發言有說服力的3個要訣

想要加強發言的說服力，請掌握以下三個重點：

- **論述有無遺漏？**
- **論述是否經過深入探討？**
- **論述是否合情合理？**

要檢查論述有無遺漏，可以參考MECE的說明。如果有疏漏之處，開會時極有可能被質疑：「這一點你沒考慮到吧！」

其次，關於如何深入探討論述，要不斷地反覆問自己：「所以呢？」藉此持續深入思考。

最後，論述是否合情合理？

利用「為什麼會這樣？」來檢視「所以呢？」的論點是否正確，也就是詢問為什麼會如此，從過程中檢驗其正確性。這時候，只要能說出「為什麼會這樣？」就表示論述合情合理。換句話說，**由「所以呢？」與「為什麼會這樣？」構成的循環反覆驗證，能夠使論述變得合情合理。**

最後階段，再次進行整體檢討：「追根究柢，這應該如何？」「是否構成循環？」確認論述沒有偏離主題。

運用這三個要訣，就可以找出論述的不合理之處，並且發現課題：「這個方法能否實踐？」「這個結論是否符合大家真正的需求？」

另外，金字塔結構也是能有效掌握課題全貌的好方法。

圖3-5　加強說服力的必要事項

為了讓我們的發言有說服力，應該確認：

- **論述有無遺漏？**
- **論述是否經過深入探討？**
- **論述是否合情合理？**

◎30秒傳達核心

掌握真正的問題和真正的解決方案之後，請在30秒內表達。相反地，如果沒辦法在30秒內說完，表示主張還有不明確之處。因此，做簡報時，先從在30秒內說完核心理念開始。

目標是：

- **用一個句子呈現。**
- **句子中包含問題點、解決方案、實施方法。**

以阿岳的情況為例：

「業績低迷的原因是**無法開發新產品（問題**

點），我們應該**發揮清古堂師傅的手藝（實施方法），以外國觀光客為目標，開發高價值的新商品（解決方案）。**」

此外，簡報最重要的是共鳴與共享。

你希望與聽者產生共鳴和共享嗎？你希望共享的是什麼？只顧著自說自話，不能算是好的簡報。相反地，在思考「我該如何說明主張」之前，必須先釐清**「我想跟大家共享什麼」**。

方法16

為了導出解決方案，不斷問自己：「So What?」

針對一個現象，我們該深入探討到什麼程度？

麥肯錫經常使用**「所以呢」**，這句話能幫你釐清自己能夠做到什麼程度，並引導出好的解決方案。豐田則是反覆提問：「為什麼？」

舉例來說，商品A出現營收下滑的現象。此時最常見的回答是：「那就提升商品A的營收啊！」

相信大家已經很清楚，這不是個好方法。如果追問業績下滑發生在哪個地區，以便進一步分析，我們會發現：「鄉下分店的下滑率較高。」於是，可以推論出：「鄉下分店必須採取改善方案。」

但是，要找出更具體的方法，必須更深入探討：

Q：「為什麼在鄉下賣不好？」（所以呢？）
A：「鄉下的營業效率不佳。」
Q：「為什麼營業效率不佳？」（所以呢？）
A：「銷售員沒有推銷商品A。」
Q：「為什麼他們不推銷商品A？」（所以呢？）
A：「對銷售員來說，販賣商品A可獲得的獎金太少。」

到這裡，總算看到一點具體解決方案的眉目。也就是說，「增加銷售員推銷的誘因」是真正的解決方案。像這樣不斷深入探討與調查，就能發掘出真正的解決方案。

利用邏輯樹狀圖展開思考，可以深入探討最早浮現的主軸。另一方面，利用MECE，不重複、不遺漏地審視，可以擴大思考的範圍。我們的思考必須同時具備深度與廣度。

因此，若是沒有深入探討問題，就認為「是不是商品不夠好」、「我們輸給競爭對手，一定要想點辦法」，或是「競爭對手做了這些事，所以我們也要做」，這樣不管花多少錢、實施多少新計畫，都不會看到成效。

深入探討指的是儘早預測問題，然後運用方便MECE思考的分析架構（如：3C或4P），透過邏輯樹狀圖將問題一一顯現出來，並以宏觀的角度加以分析。這樣不斷地自問自答、深入探討，同時宏觀思考，是非常重要的。

事實上，邏輯樹狀圖也可以用來檢視自己的視野是否足夠寬廣。

◎說話時不用「我」而用「我們」，藉此影響他人

「這件事對**我**來說非常重要。」
「這件事對**我們**來說非常重要。」

比較這兩句話，你覺得哪一句話比較能打動你？應該是後者吧。聽到「我們」時，會心想：「到底是什麼事與我們有關呢？」這時候，「我們」成為主角，就會產生當事者意識。

儘管大家都明白這種情況，但實際上做簡報或提案時，還是比較常使用前者。要特別注意，開會的目的不是要貫徹自己個人的意見，而是要讓我們做出最佳的選擇。**即使是個人意見，透過這種方式，也可以把全體帶到更棒的終點。**

因此，不要說「我認為重點是……」，而要改說「對我們來說，重點是……」，更容易引發共鳴。

此外，最後請說**「希望大家攜手合作，一起拿出成果」，讓所有人都具備當事者意識**。因此，注意說話時的每一個細節便非常重要。

專欄　以開發甜點伴手禮為例，用金字塔結構準備簡報

明天要做簡報了。我沒有信心耶，完全不曉得該說什麼才對。

這時候，只要運用金字塔結構就行了。

金字塔結構？

在金字塔頂端放入這次的課題，接下來是你最想說的話（關鍵訊息）。在下面大量寫上你覺得這個訊息正確的原因。要注意得符合MECE原則哦！

這樣啊。這次的課題是「提升清古堂的業績」，關鍵訊息是「針對外國觀光客開發甜點伴手禮」。

對。在下面寫上「關鍵訊息」的原因。可以用3C來拆解，讓人更容易理解。

原來如此。首先是市場，外國觀光客增加，於是日式風格的伴手禮很受歡迎。至於競爭對手，雖然伴手禮很多，但幾乎沒有針對外國人設計的商品。我們的優勢是師傅的手藝。

沒錯。可以再把伴手禮熱賣的理由寫在下面，並深入探討，加強根據的正確性。

原來如此。

接下來很簡單。只要由上往下發表：「我想說的是（關鍵訊息）」、「有三個原因，這個、這個及這個」、「根據是這個」，這樣就行了。

這樣啊！連該說的話都已經整理好了。接著只要克服緊張就行了！

大家都會為你打氣。加油哦！

金字塔結構

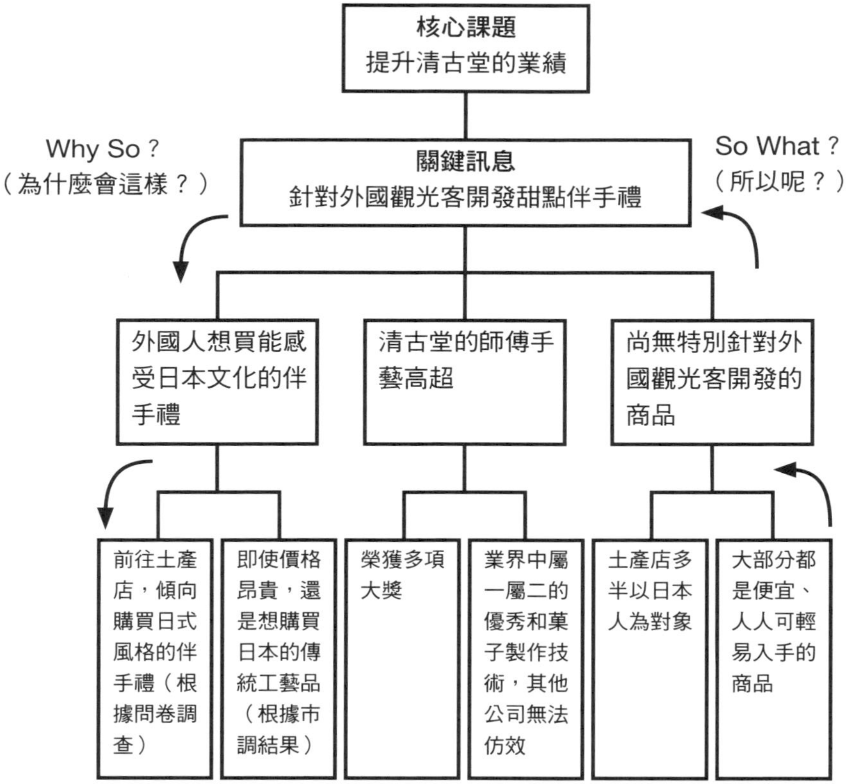
核心課題
提升清古堂的業績
Why So？
（為什麼會這樣？）
關鍵訊息
針對外國觀光客開發甜點伴手禮
So What？
（所以呢？）
外國人想買能感受日本文化的伴手禮
清古堂的師傅手藝高超
尚無特別針對外國觀光客開發的商品
前往土產店，傾向購買日式風格的伴手禮（根據問卷調查）
即使價格昂貴，還是想購買日本的傳統工藝品（根據市調結果）
榮獲多項大獎
業界中屬一屬二的優秀和菓子製作技術，其他公司無法仿效
土產店多半以日本人為對象
大部分都是便宜、人人可輕易入手的商品

延伸閱讀

數據架構了麥肯錫的方法

「如果上帝要重新創造世界，祂會聘請麥肯錫。」——《科學》雜誌。

麥肯錫公司是芝加哥大學教授詹姆士．麥肯錫（James O. McKinsey）創立的管理顧問公司，營運重點是為企業或政府高層人士獻策，針對複雜的經營管理問題，提供合適的解決方案。麥肯錫在全球五十一個國家，共有九十家分公司，將其理念推展至世界各地。

麥肯錫所有的方法和技巧，都與數據息息相關。然而，在龐大數據量流動的現代，收集情報的方式也發生變化。漫畫中的小譽採取實地調查的方法收集數據，而這個方法已逐漸被應用科技所取代。不論是3C分析中的市場與競爭對手分析，或是4P分析中比較同業的行銷策略等等，現今都可以運用網路與科技，做出更精準、更大量的調查與分析。

在使用這樣的資料時，一定要注意幾個重點。本書強調必須分辨事實與意見，然而在龐大的數據中，事實已經被反映出來，甚至不再受限於受訪者的主觀認知，以及人類社會行為的矛盾，因此透過科技收集到的數據，比傳統方法更能呈現事實。但另一方面，科技日新月益，人們的喜好和價值觀也快速改變，於是數據的時效性，以及如何辨別有用數據與垃圾數據，成為新的課題。

※編輯部補充，非日文原書內容

第4章

除了實行解決方案，還要持續思考與改善

本章學習重點

- 歸零發想與宅力
- 「天空・雨・傘」的分析架構
- PMA（Positive Mental Attitude）

哦哦!!
這是甜點…!?
不愧是清古堂…簡直是傲視日本的工藝品…不對，這已經是藝術品了！
好漂亮！
清古堂

這是四入一組嗎？
沒錯，這象徵了日本的四季。
按照季節來發揮每位師傅的專長。
花費大量時間與精力，每一個細節都精心製作。
不過，即使動員全部的師傅，每天最多也只能生產五百個左右。
!?
只有五百個!?
不過，這樣才好吧？
沒錯。
清古堂

這樣才能提高它的價值。
雖然數量不多，但假如…
連容器都是藝術品的話，還能更進一步提高它的附加價值。
一組賣個幾萬日圓也不是問題…。
幾萬日圓…！
因為它有「價值」。
高價值的伴手禮，即使價格再高…
只要觀光客認同它的價值，還是會高高興興地買下來。

清古堂
此外，提升商品價值
也能順勢提升清古堂的品牌力。
如果這個甜點熱賣，也能帶動其他甜點的買氣。
真的呢！
這樣一來，我們得更用心製作甜點了！
沒錯！清古堂的甜點本來就很美味…
清古堂
豆沙包
論美味的話，它也不差哦。
清古堂
！

它可不是只有外觀漂亮而已。
使用的所有材料都是本地最好的食材。
光靠師傅的力量無法完成。
這份甜點集結了這座小鎮…清古堂每個人的智慧與心意…
希望妳可以第一個品嚐。
……

切下…
!

小譽學姐⋯
真想⋯
讓爸爸也嚐嚐看。
⋯？
讓你們看笑話了。
寿司吉

其實，我爸爸…去年過世了。
這樣啊…
明明託清古堂的福，好不容易救回了一命，
但還是…
為了這座小鎮，我們還活著的人，一定要解決清古堂的問題。
妳說得對！
那麼，為了養精蓄銳，
先吃個壽司，振作精神吧！
壽司就是要坐在吧台吃師傅現場捏的，才會格外美味！
可以親眼看到製作的過程，感覺很安心。
微笑
好吃！
對啊。

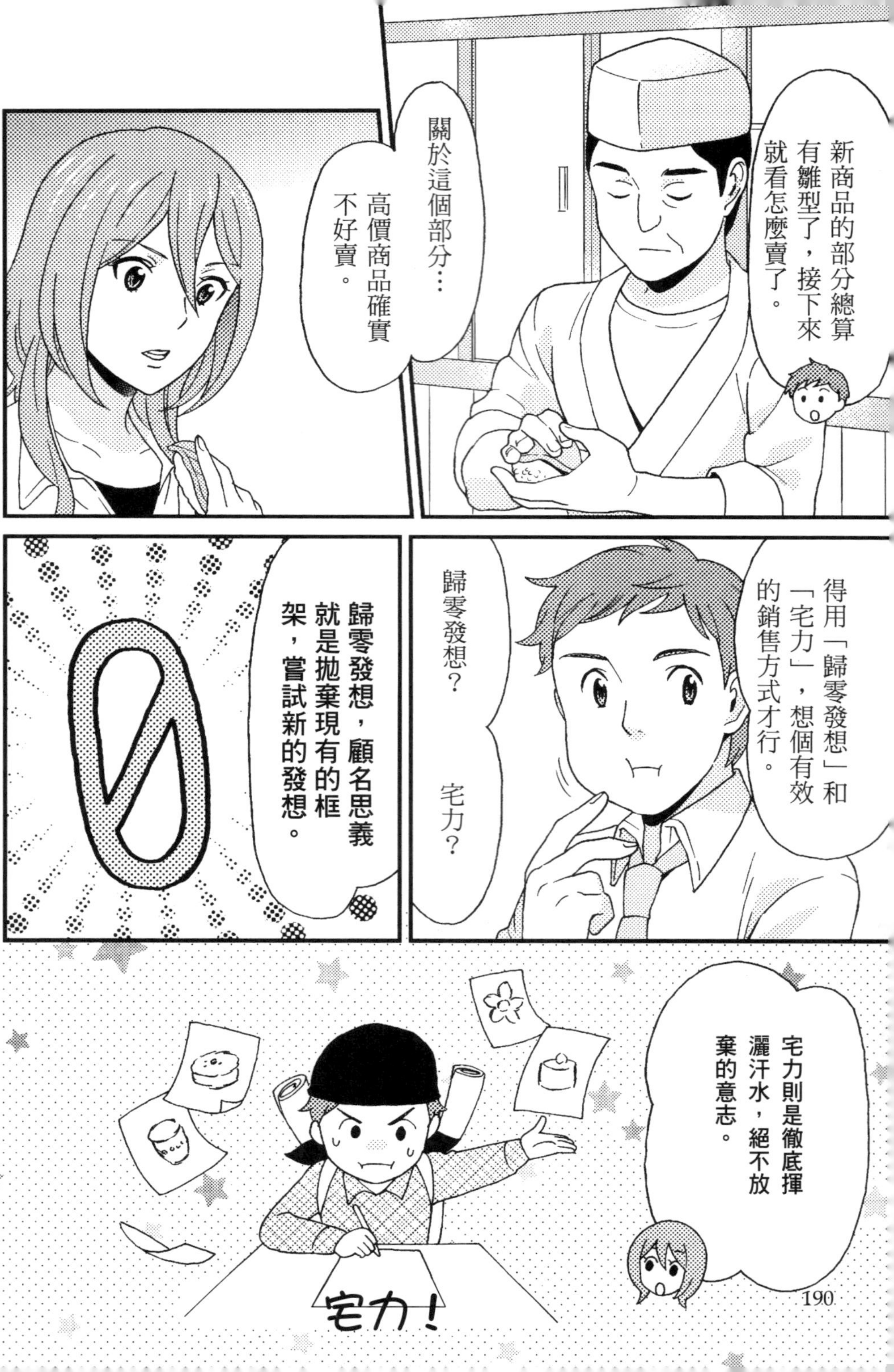
新商品的部分總算有雛型了，接下來就看怎麼賣了。
關於這個部分…高價商品確實不好賣。
得用「歸零發想」和「宅力」，想個有效的銷售方式才行。
歸零發想？
宅力？
歸零發想，顧名思義就是拋棄現有的框架，嘗試新的發想。
宅力則是徹底揮灑汗水，絕不放棄的意志。
宅力！

阿岳比我揮灑了更多的汗水，一路走來都沒有放棄，想出很多方法。
這個部分就請你動腦筋吧，因為清古堂是你們的公司啊。
小譽學姐…？
……
總覺得學姐的情緒好像有點低落…

這是充滿師傅們心意的甜點，一定要把它們全部賣光！
用力擦
OH
請問，這是真的甜點嗎？
是的，這是由師傅一個個手工製作出來的。
味道也非常棒哦！
它使用了大量本地特產的草莓汁…。
果汁…
裡面沒有草莓嗎？

使用新鮮草莓的話，保存期限比較短。
因為這是伴手禮…
OH…原來是伴手禮。
本來想自己吃的。
要是可以試吃，就會考慮購買，當作伴手禮。
我聽說日本的草莓很好吃，是真的嗎？

真想吃有日本草莓的日式甜點⋯。
對了，要是能試吃或內用好像也不錯。
還能創造美好的回憶。
靈光一現
⋯？
有了⋯！

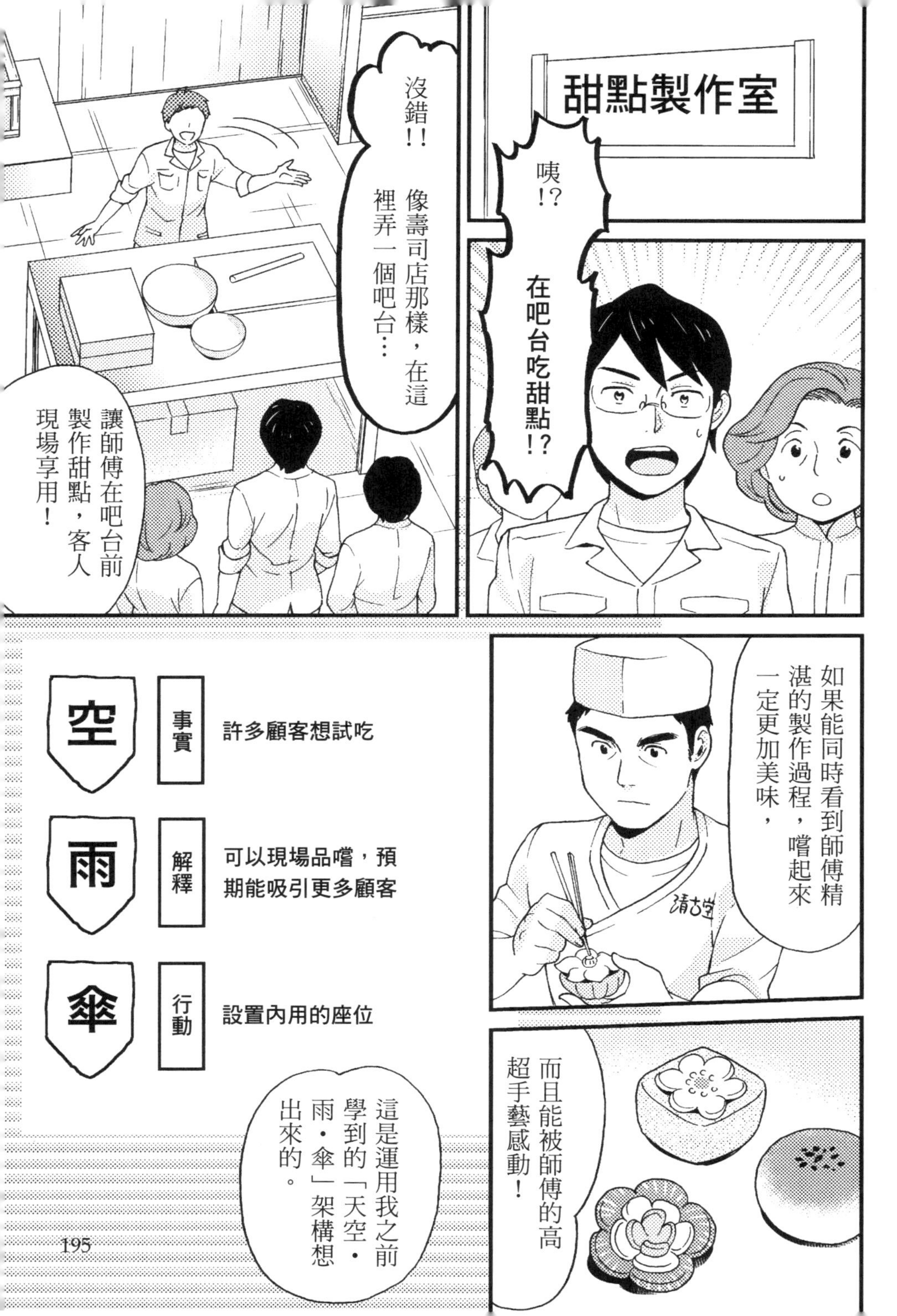
甜點製作室
咦!?
在吧台吃甜點!?
沒錯!!像壽司店那樣，在這裡弄一個吧台…
讓師傅在吧台前製作甜點，客人現場享用！
如果能同時看到師傅精湛的製作過程，嚐起來一定更加美味，
而且能被師傅的高超手藝感動！
空
事實
許多顧客想試吃
雨
解釋
可以現場品嚐，預期能吸引更多顧客
傘
行動
設置內用的座位
這是運用我之前學到的「天空・雨・傘」架構想出來的。

可是，這樣師傅會不會沒辦法專心…
!
不能專心的人就別幹了。
對吧，社長。
嗯，沒錯。
甜點的確是當場現做最美味，使用新鮮草莓當然更好。
想讓外國觀光客喜歡，製作者也要多花點心思吧。
梶田先生…

改裝店面吧！
這是必要的成本。
傳遞日本的美好文化…
讓清古堂復活吧！
是！
SEIKODO
三個月後…
清古堂
TRAVEL MAP

其他和菓子店都沒有提供這樣的服務⋯
如此一來，也做到差異化了。
用桐木板製作的吧台，更增添日本風味和高級感。
已經過了三個月⋯今天也高朋滿座。
只有在清古堂才能體驗。因為提供內用，還可以選用更新鮮的食材，顧客相當滿意呢！

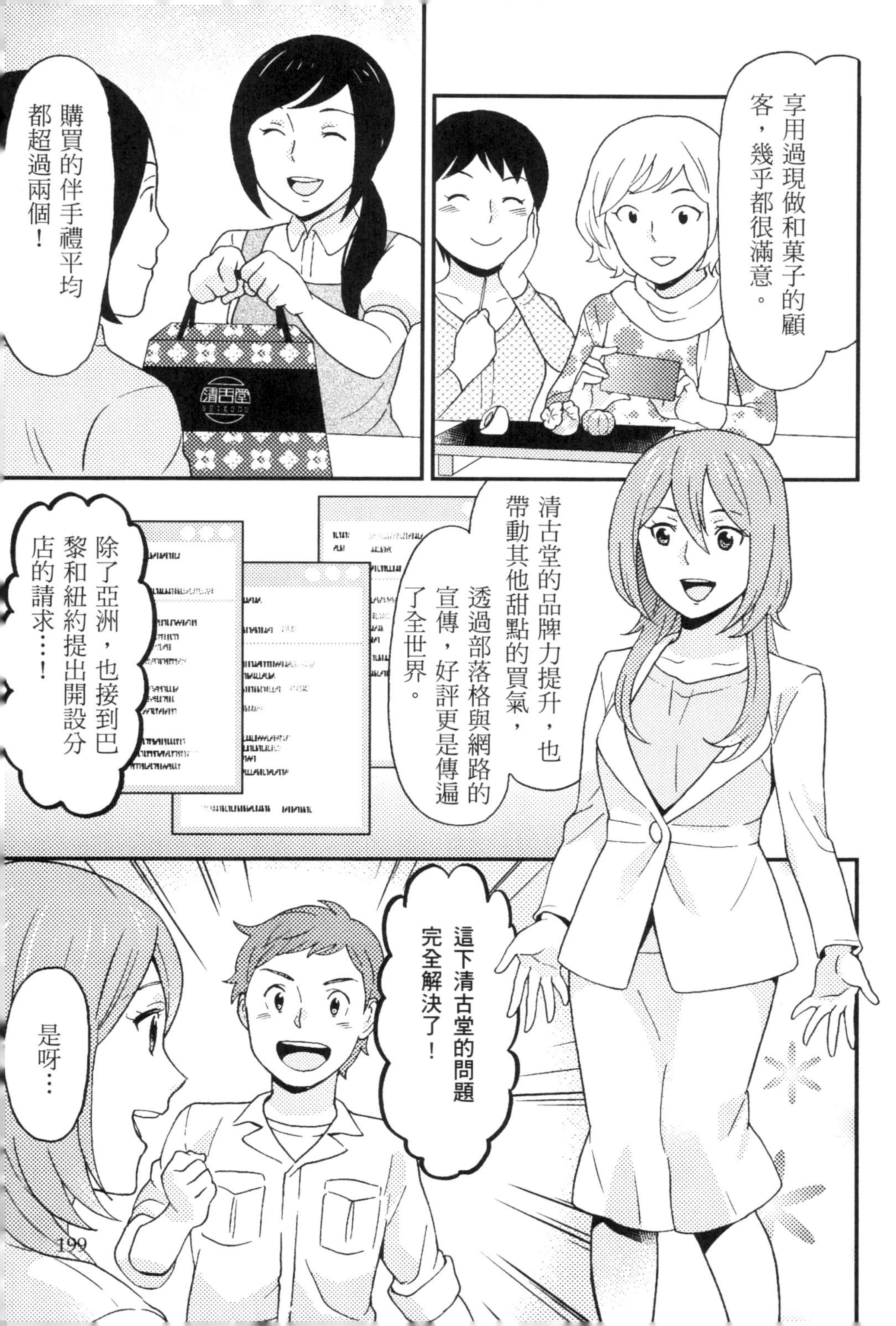
享用過現做和菓子的顧客，幾乎都很滿意。
購買的伴手禮平均都超過兩個！
清古堂
SEIKODO
清古堂的品牌力提升，也帶動其他甜點的買氣，
透過部落格與網路的宣傳，好評更是傳遍了全世界。
除了亞洲，也接到巴黎和紐約提出開設分店的請求…！
這下清古堂的問題完全解決了！
是呀…

接下來就交給你了，點子王。
拍
!?
清古堂已經不要緊了…
其實…不久前，我接到來自國外的案子。
我暫時…幾年內都不會回日本了。
!?

方法17

創新失敗後想放棄？成功者都擅長歸零發想和宅力

在漫畫的情節中，阿岳利用歸零發想，想出搭設吧台，讓客人享用師傅現場製作的和菓子，打造出嶄新的經營型態。如今，歸零發想已經是一個越來越重要的思考方式。

歸零發想，顧名思義就是從零開始想起。說起來簡單，做起來卻很困難，因為我們很容易被過去的觀念限制。

我們周遭都有這樣的人：過去曾用某種方法成功，所以現在也想用相同的方法。如果過去有成功經驗，我們會傾向使用同樣的方法，降低失敗率。然而，我們不清楚這個方法現在是否還行得通。

現代社會變化的腳步越來越快速，如果我們不能隨時用歸零發想來思考，就無法有效解決現在面臨的問題。

這裡介紹一個歸零發想的具體範例：

大家知道，日本昭和時期的咖啡廳靠什麼方式獲利嗎？

老闆對豆子和沖泡方式特別講究，抓住一些覺得「這位老闆沖的咖啡很好喝」的老顧客，運用這種商業模式獲利。店裡播放著古典樂，角落擺放著雜誌和報紙，營造出閒適的氛圍。顧客通常會在店裡待上半小時到一小時，慢慢品嚐咖啡與用餐，享受閑靜的時光。因此，咖啡廳如果地點不好，很難經營下去，咖啡的價格稍貴，一杯大約五百到一千日圓左右。這是當時一般咖啡廳的情況。

後來，羅多倫出現，一杯咖啡只要一百五十日圓，對早上想喝杯咖啡的人來說，既輕鬆又沒有負擔，而且店面大多緊鄰車站，非常方便。

如果想法一直停留在提供好豆子、好氣氛的「昭和風格咖啡廳」，絕對想不出羅多倫的經營模式。不受現有框架的限制，天真的歸零發想成就了羅多倫的成功模式。

羅多倫創業者希望，即使沒有獨到堅持的老闆，每個人都能沖泡出美味咖啡，於是開發出只要一百五十日圓，就能喝到一杯美味咖啡的機器。這是過往那種依賴老闆品味的咖啡廳做不到的事。有些分店採用立食蕎麥麵店（注：站著吃的蕎麥麵，特色是價格比較低廉）的形式，使顧客沒辦法久待。此外，還推出外帶來擴大收益。羅多倫用這些方式，提高顧客周轉率、擴大銷路，才能以便宜的價格在黃金地段開設分店。

從顧客的角度來看，雖然待起來不是很舒服，但味道不錯，便宜又快速，還能外帶，不失為一個好選擇。

◎反向操作，掌握下一波潮流

羅多倫的時代持續了一段時間。不過，任何時代都會出現所謂的「反向操作」。星巴克和 Komeda 咖啡店（注：日本知名咖啡連鎖店）模式登場，成為現在的主流模式。

想知道下一波主流是什麼，就不能忽略歸零思考的重要性。在這個需求快速變化的時代，跳脫理所當然的思維，不斷思考「顧客真正想要的是什麼」、「能夠吸引顧客的是什麼」、「如何實現這一點」，將越來越重要。

在競爭對手強勁的環境，更需要歸零思考，才能提出與眾不同的創意。麥肯錫開會時，不容許員工說：「我也這麼想。」為了彰顯自己的定位、加強自己的發言能力，請大家善用歸零思考，提出充滿創意的方案。

◎用「橫向發展」思考

阿岳的「和菓子吧台」是個有趣的橫向發展思考，這是鶴屋吉信（注：日本京都知名的和菓子老店）實際採行的做法。把壽司店的吧台搬進和菓子店，不但增添日本風味，還能觀賞甜點師傅的製菓過程，這是前所未見的嶄新嘗試。

不再延伸過去的做法，而是利用橫向發展的思考方式，參考其他領域，或許就能想出有趣的新創意。

◎絕不放棄的「宅力」

也許大家覺得麥肯錫的人都很冷酷，只會遵照邏輯辦事，但其實我覺得，其中有不少具備職人氣質的「阿宅」。這裡的「宅」，指的是永不放棄、追根究柢的意思。

一項傑出的工作，一定是先有靈感，再運用邏輯檢視是否真能成功。要把靈光乍現和邏輯連結在一起，其實非常困難，必須進行各項調查，不斷分析，在找到能讓靈感實現的根據之前，都不能放棄持續思考。

因此，**最重要的是徹底揮灑汗水，絕不放棄地思考。**

不斷問自己：「目的是什麼？」「真正的問題是什麼？」瞭解問題所在之後，繼續追問：「什麼才是最有效的解決方案。」

不停地問「為什麼」，絕不放棄、耐心思考，才能實現優秀的創意。

方法18

障礙接踵而至？用「天空・雨・傘」思考法去突破

即使分析過問題，找到解決方案，有時也會在實行階段意外碰壁。以我自身的經驗來說，在實行階段碰壁其實是很常見的情況。如果在這裡停下來，就不能繼續前進，因此這時候必須冷靜下來，檢視我們碰到什麼阻礙。

當然，即使沒有碰壁，也可以使用「天空・雨・傘」分析架構來思考。麥肯錫很重視這種思考方法。

所謂的「天空・雨・傘」有以下的象徵意義：

- **天空**——實際的現狀是？（事實）
- **雨**——現狀代表的意義是？（解釋）

● **傘**——基於解釋，該做的是？（行動、手段）

舉例來說，你仰看天空時，發現烏雲密佈（事實），於是你推測好像快下雨了，但不想被雨淋濕（解釋），所以決定帶傘出門（行動、手段）。

以汽車銷售為例來思考：

● **天空**——觀察市場時，發現自家公司的市占率降低了。

● **雨**——驗證事實後，得知顧客改買其他公司的新型環保車款，原因似乎是顧客的環保意識逐漸抬頭。

● **傘**——於是，自家公司的主力車款也以環保為訴求，並提供顧客試乘。

圖4-1　「天空・雨・傘」的分析架構

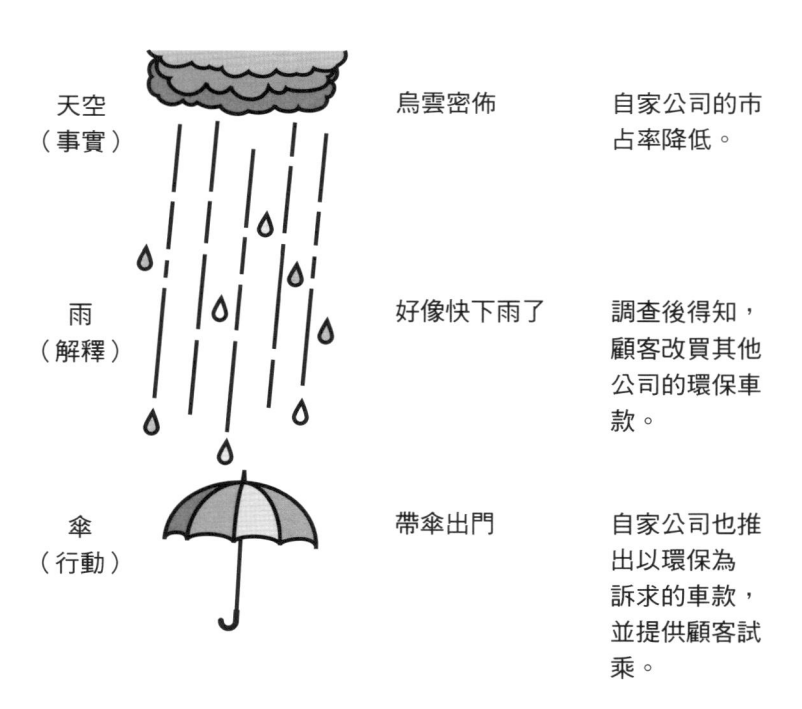

天空（事實）	烏雲密佈	自家公司的市占率降低。
雨（解釋）	好像快下雨了	調查後得知，顧客改買其他公司的環保車款。
傘（行動）	帶傘出門	自家公司也推出以環保為訴求的車款，並提供顧客試乘。

方法19

陷入情緒低潮？學麥肯錫最重視的心理素質「PMA」

最後，介紹麥肯錫最重視的心態：「**Positive Mental Attitude**」（簡稱PMA）

PMA是指**隨時積極主動的心態**。無論處於什麼狀態，都要思考自己該怎麼做，以及自己能做什麼，隨時提醒自己，主動採取行動。做好這樣心理準備的人，無論處於任何情況，理應都能發揮所長。

在故事中，清古堂的員工面臨危機，卻沒有主動採取行動，只是束手無策地想著：「再這樣下去，該怎麼辦？」如此一來，就無法繼續向前邁進。

雖然阿岳也不知道該如何解決問題，不過他抱持著拯救清古堂的強烈意志，用積極行動的態度，不斷思考該怎麼做、自己可以做什麼，於是他拜託小譬幫忙，接著帶頭開發新商品，用行動打動師傅，進而實現目標，提出嶄新的創意。

如果沒有積極行動的想法，就做不到這些事。因此，並不是先有方法，而是**先有想法**。

各位讀者應該都有想成就的事吧？

即使你還不知道方法，只要抱持著ＰＭＡ，就可以開拓自己的道路。而且，各位現在已經學會麥肯錫問題解決術，請務必靠自己的力量，運用這套方法來實現自己的心願。

疲勞時會削弱ＰＭＡ的能量，所以要切記：**累了就要休息！**

專欄　消除煩悶筆記本，是你保持積極心態的好工具

思考的時候，一定要具備清晰的腦袋和心情。

不過，我們無法總是保持這樣的狀態。

一直掛心自己犯的小失誤，例如：「我說出那種話，不要緊吧？」、「拜託○○做的案子，不知道進度如何？」等等，腦海裡總會浮現出各種大事小事，於是無法專心。

當心靈被煩悶佔據時，可以運用接下來介紹的「消除煩悶筆記本」（左頁），效果非常好喔！

在筆記本的左半邊，寫出那些讓你心浮氣躁的煩心事情，不管是擔心的事、在意的事，還是使自己靜不下來的事，寫什麼都可以。

這時，亂寫亂畫都沒關係。下筆時，把所有的煩悶全部都宣洩出來。

等全部寫完後，先把筆記本闔上，試著轉換心情。例如：出門散散步，或是喝杯咖啡。最好到綠意盎然的公園或河堤走走，調整一下情緒。

等到心情放鬆後，再次打開「消除煩悶筆記本」。

這次用不同顏色的筆（最好是你心愛的筆），把自己當成智者，針對剛才寫的那些在意的事、煩悶的事，逐一寫下客觀的建議。

不可思議的是，你的煩悶將一掃而空，甚至覺得那些事好像沒什麼大不了。

如果有不放心、不能安心的事，不妨試試看這個方法。

消除煩悶筆記本

宣洩煩悶	給自己的建議
企劃不順利。 →	最後一定會成功。別介意！
為什麼一直原地踏步！ →	要不要重新思考方法呢？
跟 A 的意見不合，做不出理想的成果。 →	詢問 A，他到底想怎麼做。大家想成功的心情應該是一樣的。

最終章

下一步，是否準備好挑戰全球市場？

喀啦啦
大家別這麼沉重嘛…
我的工作就是這樣啊。

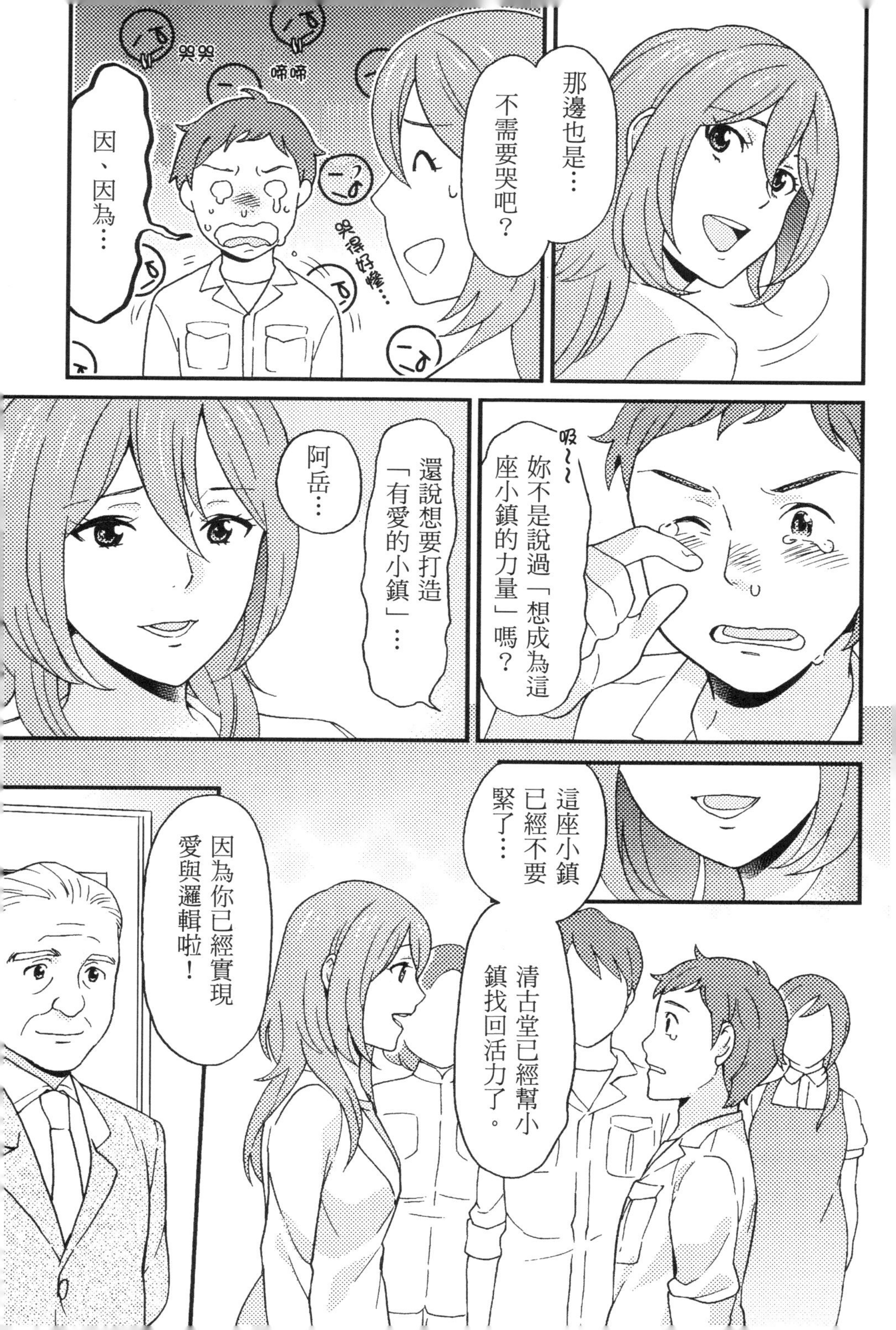
那邊也是……
不需要哭吧？
哭哭
啼啼
哭得好慘……
因、因為……
吸～～
妳不是說過「想成為這座小鎮的力量」嗎？
還說想要打造「有愛的小鎮」……
阿岳……
這座小鎮已經不要緊了……
清古堂已經幫小鎮找回活力了。
因為你已經實現愛與邏輯啦！

老實說，要不要接下這次的案子，我也猶豫了很久。
想著又是漫長的旅居生活…不過，看到阿岳努力的樣子，我發現…
世界上還有很多我能做的事！
而且！阿岳也是喔！這才不是告別，我們會在海的另一端重逢。
!?
在國外開設分店的建議…你們會認真考慮吧？

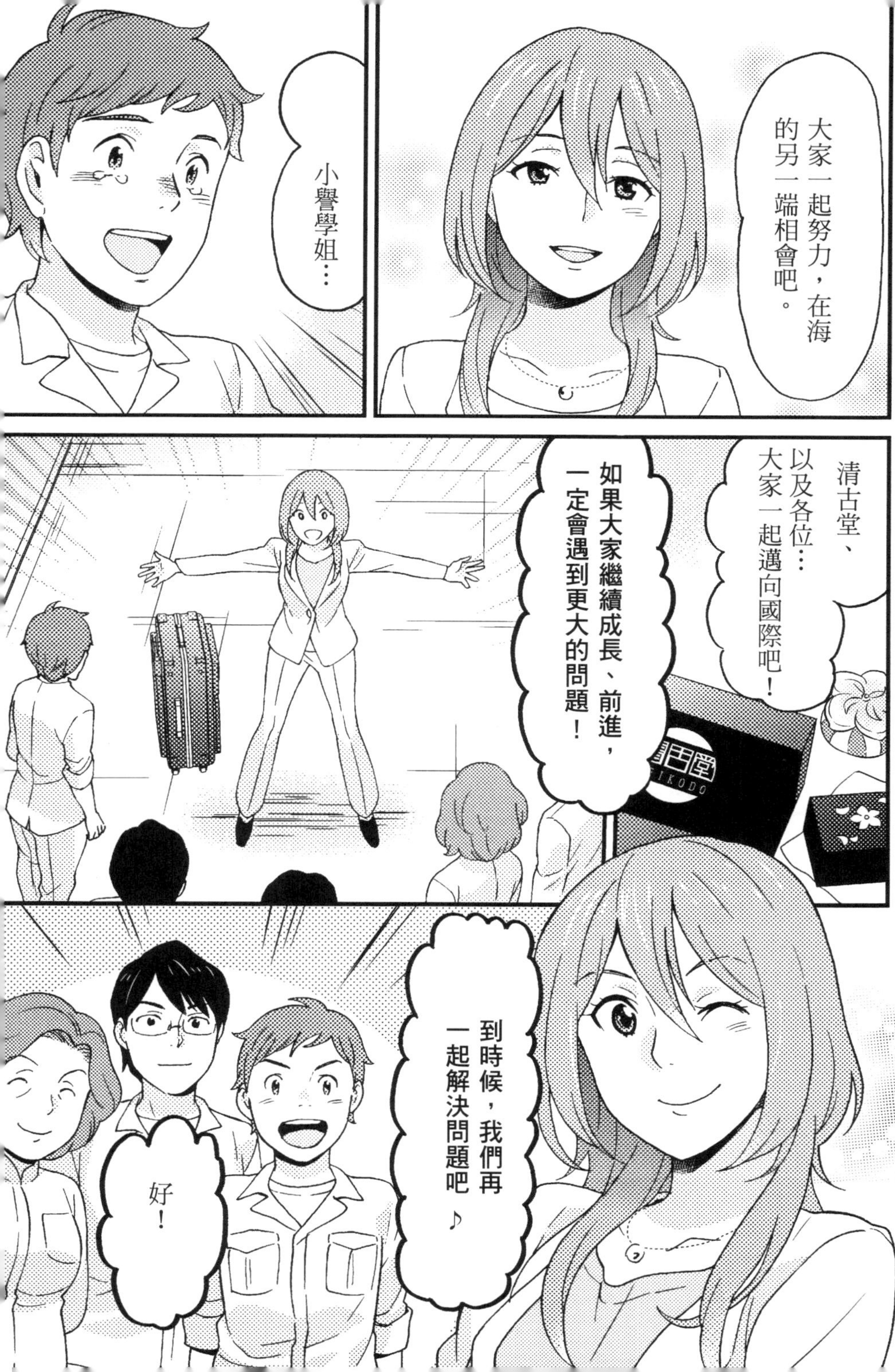

大家一起努力，在海的另一端相會吧。
小轡學姐……
清古堂、以及各位……大家一起邁向國際吧！
如果大家繼續成長、前進，一定會遇到更大的問題！
到時候，我們再一起解決問題吧♪
好！

那麼，我們海外再見！
幾天後
海外戰略會議
清古堂會追上去的…
小譽學姐…請在國外等著我們！

重點筆記

附　錄

麥肯錫的分析架構筆記，幫你複習並記憶

本書介紹麥肯錫幾種代表性的分析架構，
附錄彙整書中的分析架構，
並附上使用範例和空白圖表。
請各位多加運用！

解決問題的邏輯樹狀圖（Why Tree）

用途：解決問題、製作檢查表

故事中，阿岳等人使用邏輯樹狀圖來發現問題。除此之外，邏輯樹狀圖還能用來歸納各項條件，在不遺漏的情況下，列出該確認的重點。

例如，在第一章的專欄裡，社長列出自己心目中理想休旅車的所有檢查重點。

解決問題時，要問自己「為什麼？」並深入探討。製作檢查表時，應該在不遺漏的情況下，列舉所有你能想到的條件來檢討。

● 解決問題的邏輯樹狀圖範例

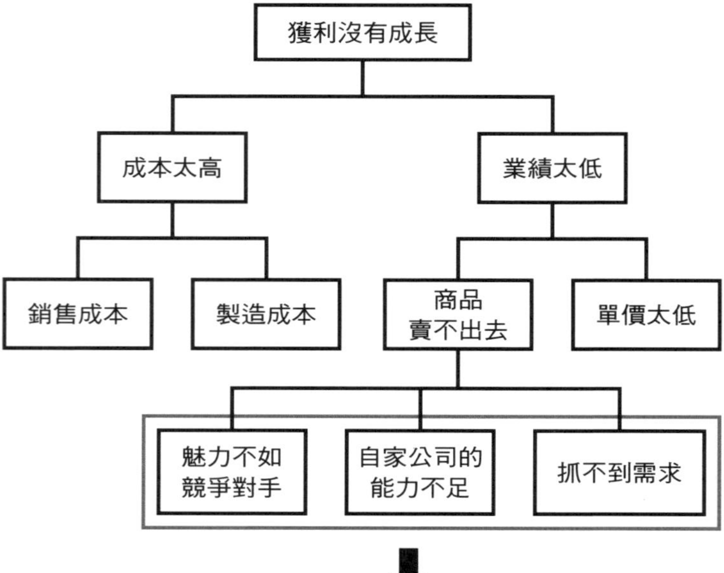

無法開發出發揮自家公司優勢的商品，問題在哪裡？

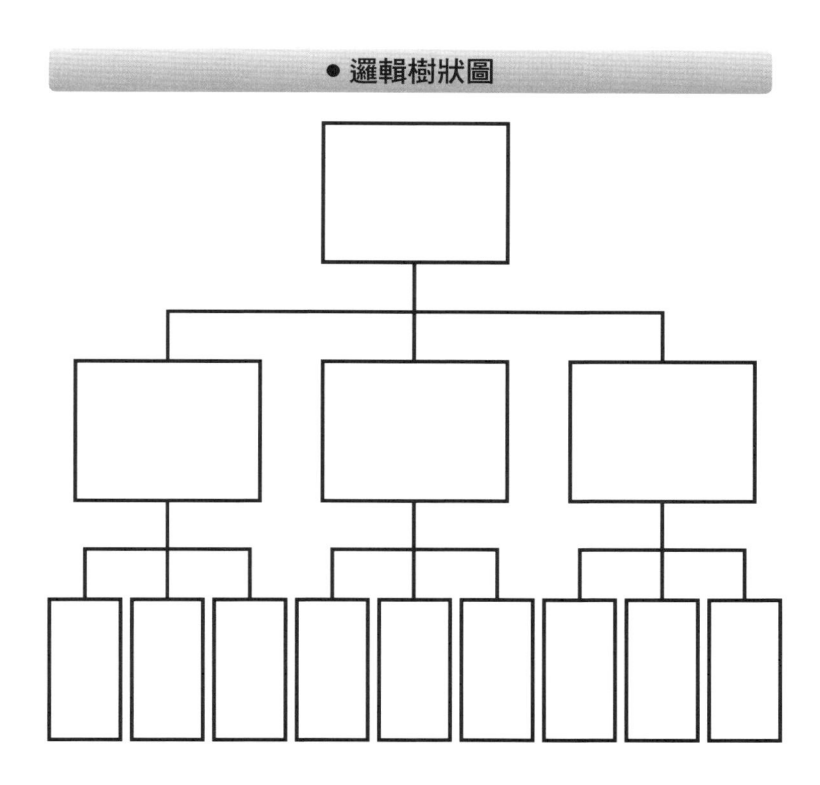

● 邏輯樹狀圖

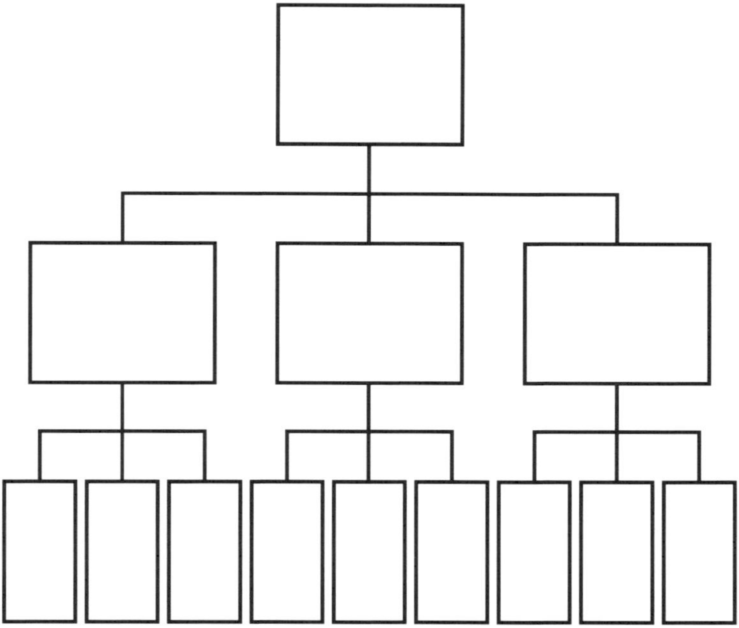

Point

· 項目應依照MECE原則，不重複、不遺漏。
· 用事實拆解。
· 較不重要的項目，不深入探討也沒關係。

議題樹狀圖（How Tree）

用途：確認假說、選擇是否正確

議題樹狀圖與邏輯樹狀圖很像，是用於確認這個方向是否正確。

故事中使用議題樹狀圖，驗證開發新商品的假說。除了商務用途，也可以用在不知該如何選擇的時候。

舉例來說，想跳槽，但不知道跳槽到底正不正確。這時，可以在「想跳槽」的課題下方，分別寫上讓自己猶豫的因素，例如：年薪增加、想到國外工作、即使待在現在的公司也沒有升遷機會，來檢討跳槽是不是明智的選擇。

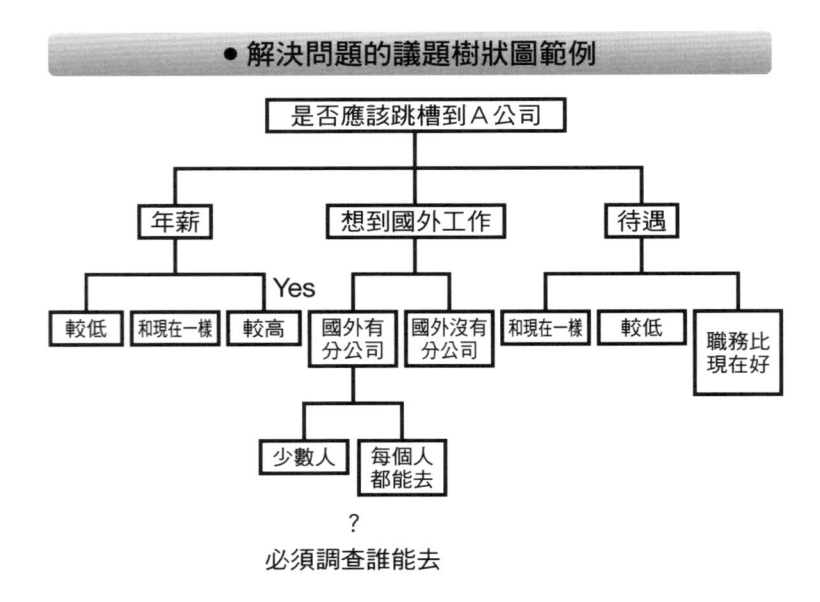

● 解決問題的議題樹狀圖範例

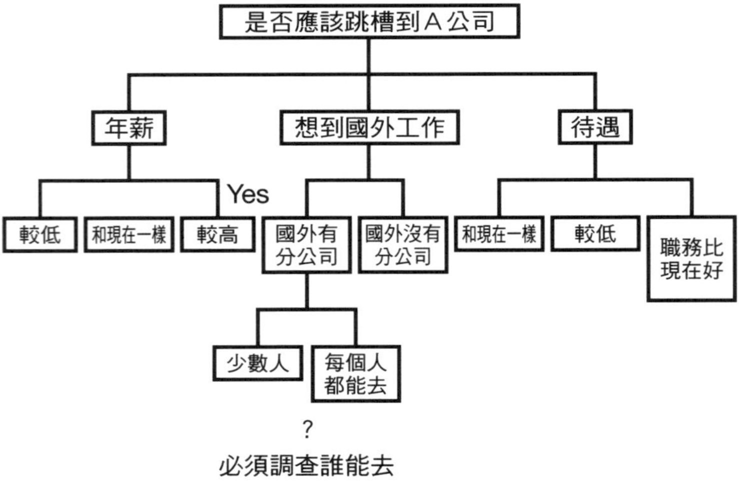

遇到人生重大選擇時，用這種方式思考，能有條理地整理思緒。

● 議題樹狀圖

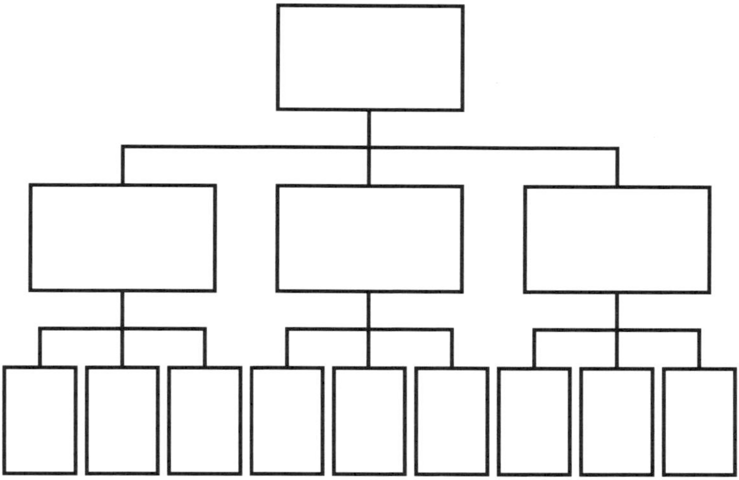

Point

・項目應依照MECE原則，不重複、不遺漏。
・有不確定之處一定要調查。

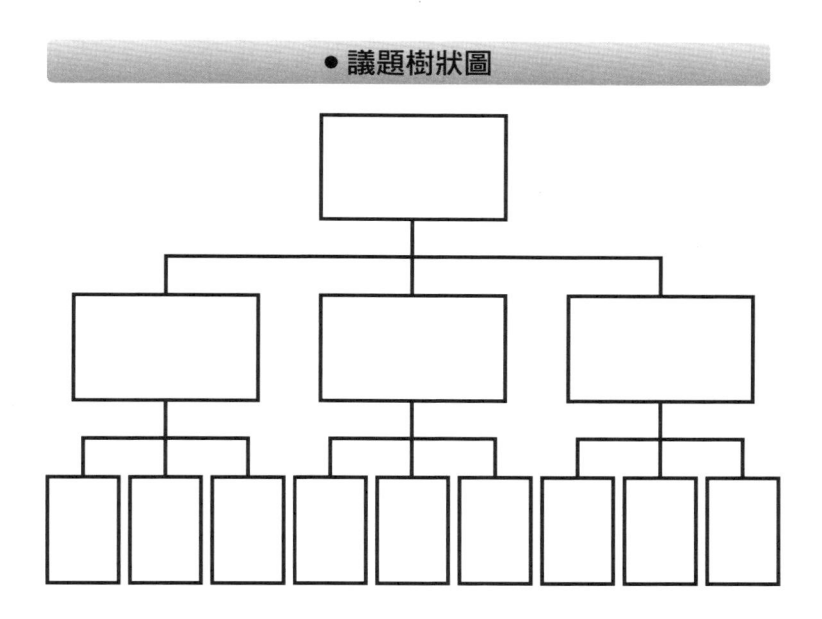

金字塔結構

用途：思考問題、簡報、歸納自己的想法

故事中，阿岳在簡報時也使用金字塔結構。除了思考問題，說明或提案時也可以使用這個分析架構。

舉例來說，開會時將核心課題（發言內容）、關鍵訊息（想說的話）填進表框裡，並在結構圖的分支填上支持關鍵訊息的理由。

這時，可以用MECE舉出最重要的因素，做簡報時就能明確地說出：「理由有三點……。」

接著，再往下填入支持理由的根據：

「我想說的是○○（關鍵訊息）。」

「理由有三點（關鍵訊息下方的理由）。」

「我的依據是（理由的根據）。」

「因此，我認為我們必須○○（關鍵訊息）。」

依序說明，能讓每個人都理解你想傳達的內容。

● 清古堂的金字塔結構圖

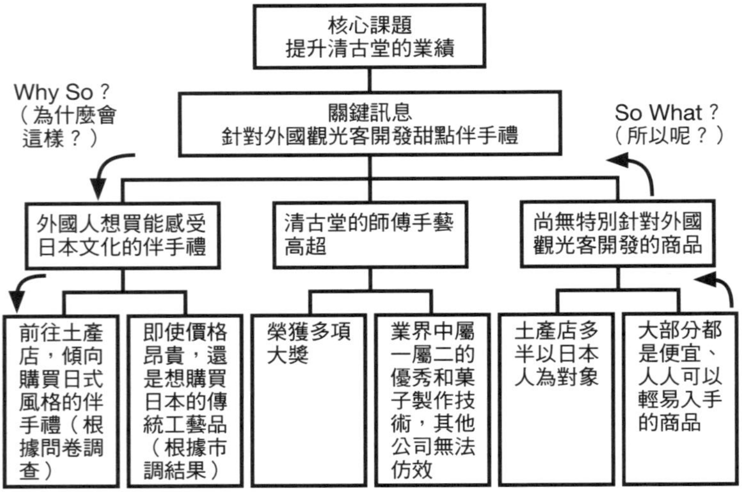

附錄
麥肯錫的分析架構筆記，幫你複習並記憶

● 金字塔結構圖

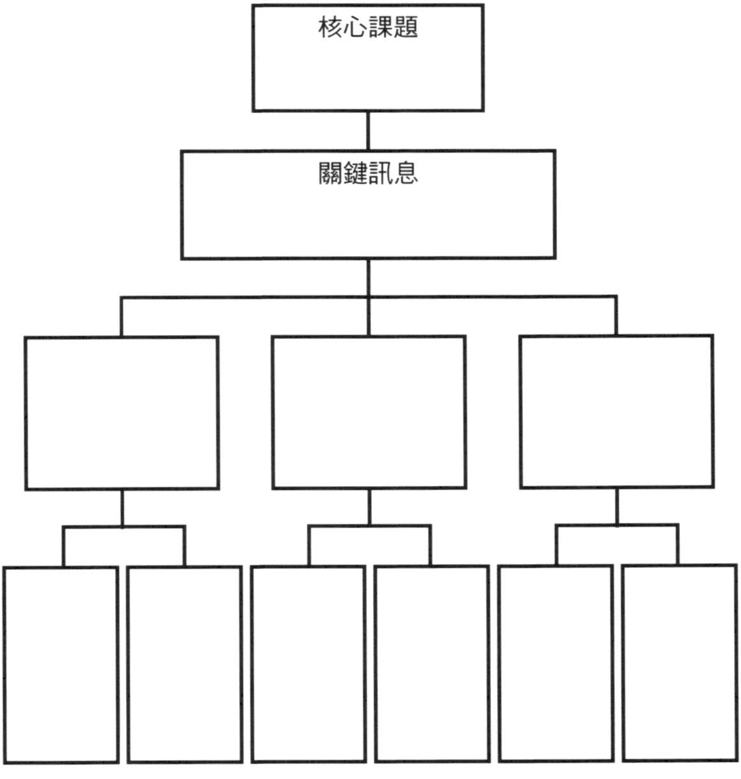

Point

· 別在關鍵訊息加入多餘的說明。
· 不要用抽象例子，舉出具體案例更容易傳達。

天空・雨・傘

用途：分析狀況、判斷應該採取的行動

這是麥肯錫典型的分析架構。發生某個狀況時，可以用來掌握現況、分析意義，並思考該採取什麼行動。

狀況例如：

- 業績下滑。
- 商品銷售量下滑。
- 和客戶發生糾紛。

●「天空・雨・傘」的範例

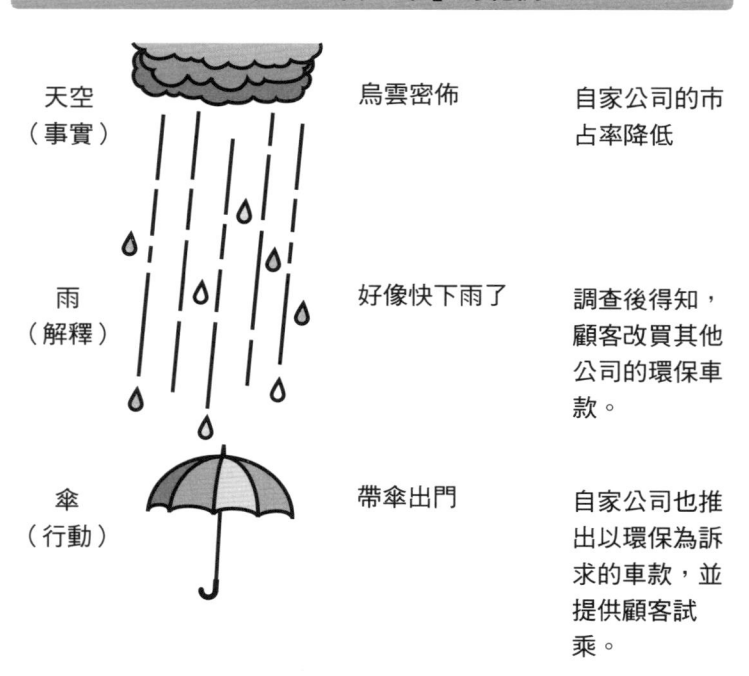

天空（事實）	烏雲密佈	自家公司的市占率降低
雨（解釋）	好像快下雨了	調查後得知，顧客改買其他公司的環保車款。
傘（行動）	帶傘出門	自家公司也推出以環保為訴求的車款，並提供顧客試乘。

●「天空・下雨・傘」

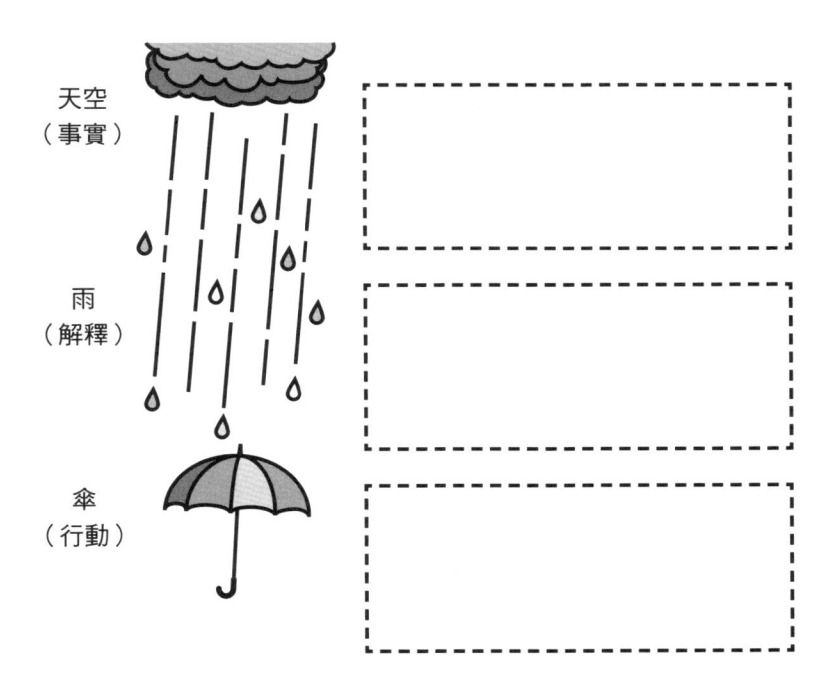

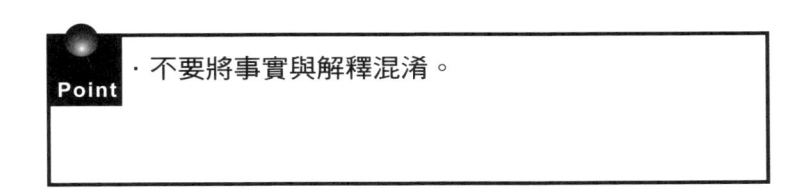

天空
（事實）

雨
（解釋）

傘
（行動）

Point
・不要將事實與解釋混淆。

3C分析

用途：思考該採取哪種策略，或自家公司定位

這個分析架構主要是用於思考策略時，分別就市場、競爭對手、自家公司的優勢進行分析，並擬定策略。除了工作之外，也可以用於轉職等情況。

轉職時，必須客觀地審視自己的情況，以及目標公司想要的人才條件。這時可以運用3C分析，將資訊分群，同時思考如何宣傳自己的優勢，擬定假說和議題。

請用十分鐘思考，有限的時間更容易專心。這時，請注意資訊可能會出現偏頗，偏頗的資訊無法導出正確的解決方案。

舉例來說，調查人手不足的求才公司和競爭對手時，發現公司內部的年齡結構缺乏管理階層。由此可知，應該強調自己的管理經驗。

若準備不夠充分，很容易遭遇阻礙。做事之前，請先思考再行動，即使只有十分鐘也沒關係。

●（範例）主題：換工作時，如何表現自己的優勢？

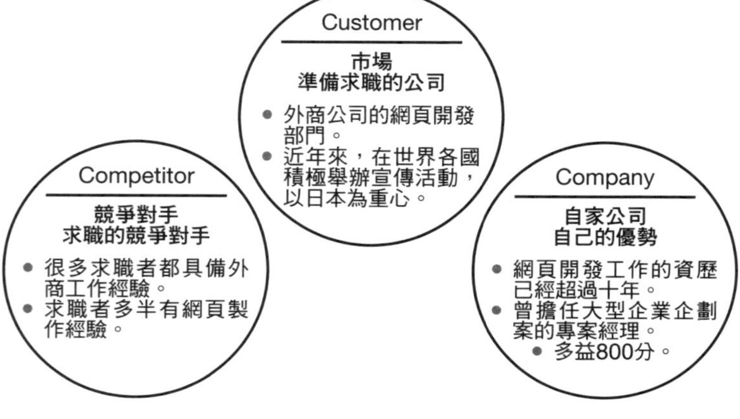
Customer
市場
準備求職的公司
● 外商公司的網頁開發部門。
● 近年來，在世界各國積極舉辦宣傳活動，以日本為重心。
Competitor
競爭對手
求職的競爭對手
● 很多求職者都具備外商工作經驗。
● 求職者多半有網頁製作經驗。
Company
自家公司
自己的優勢
● 網頁開發工作的資歷已經超過十年。
● 曾擔任大型企業企劃案的專案經理。
● 多益800分。

● 3C分析

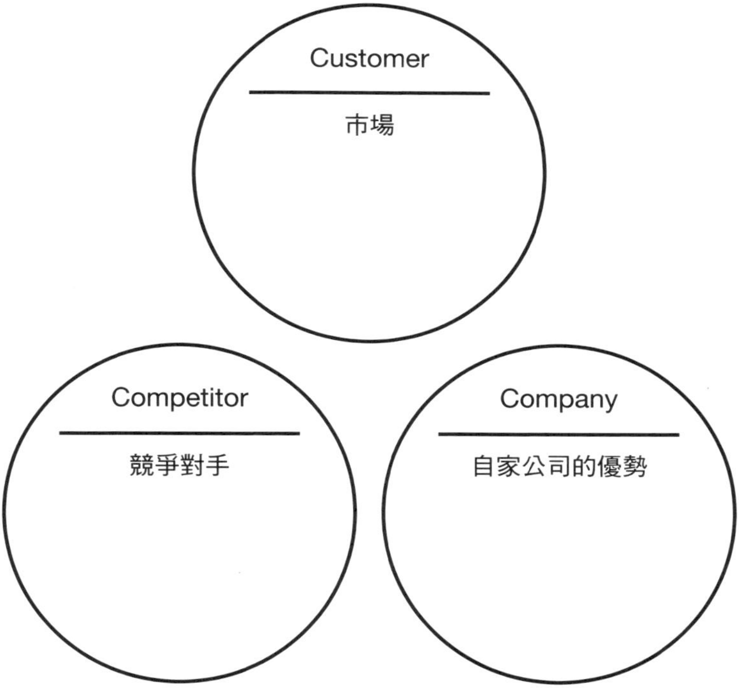

Point

・不要過分聚焦自家公司，也要仔細分析顧客和市場。

4P分析

用途：行銷時，與對手比較，思考自家公司的定位

4P是擬定行銷策略時經常使用的分析架構。3C是就市場、競爭對手和自家公司的優勢，找到自家公司的定位，4P則是針對具體商品，與競爭對手做比較。

● 4P的範例

	東京芭娜娜	清古堂
產品	容易入手的伴手禮、西式甜點	傳統的日式甜點
價格	價格合宜的伴手禮 483～2057日圓	零售150～300日圓
通路	百貨專櫃、車站商店街、 機場、休息站	縣內有三家店鋪
推廣	車站內部	偶爾在附近發傳單

• 4P分析

產品（Product）		
價格（Price）		
通路（Place）		
推廣（Promotion）		

Point

・除了自家公司之外，也要詳盡地分析其他公司。

定位矩陣

用途：思考自家公司定位

定位矩陣是以兩軸梳理現況、彙整想法，有助於催生新創意。

我們經常使用定位矩陣，來排定工作的優先順序。工作堆積如山，不知道該從何下手時，可以用「急迫／不急迫」、「重要／不重要」的矩陣，決定各項工作的優先順序。

例如，「今天一定要交的企劃書」是急迫且重要的，「製作下週開會要用的資料」則是不急迫但重要的項目。

我們可以用這種方式區分工作的優先順序：

(1)急迫且重要的工作

(2)不急迫但重要的工作

(3)不重要但急迫的工作

(4)不重要也不急迫的工作，可以棄之不顧。

● 定位矩陣的範例

	不急迫	急迫
重要	製作下週開會要用的資料；思考明年度的目標	今天一定要交的企劃書
不重要		繳交不參加月底讀書會的通知書

● 定位矩陣

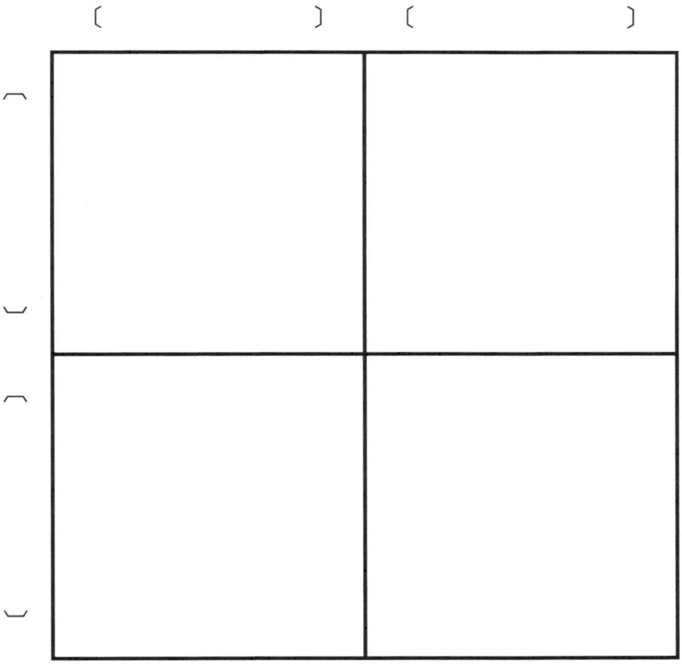

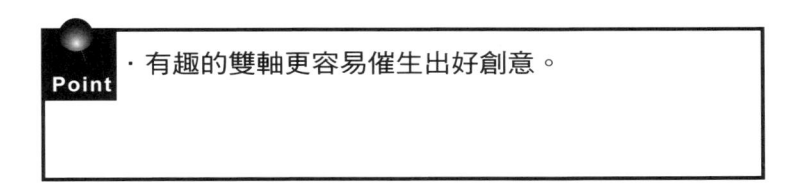

Point

・有趣的雙軸更容易催生出好創意。

商業系統

用途：想改善自家公司的做法

按照作業流程，逐一檢視目的與流程的個別要素。

通常用來改善作業，也可以透過與其他公司比較，確認失敗的環節，找出「現在自家公司哪裡有問題」、「今後該如何改變作業內容」。

這個方法也能運用在日常工作、準備考試、就業或轉職等狀況。

舉例來說，求職屢次碰壁時，把一連串的流程製作成圖表，找出有問題之處，就會發現「面試時，被問到『請說明你的優勢』時，老是回答不出來」，接著重新回頭檢視流程，思考並改善方法。如果認為自我分析不夠完善，請回到這個部分加以改善。

此外，求職不順利時，可以比較自己與朋友的行動，改善自己不夠好的部分。

● 用於求職的商業系統範例

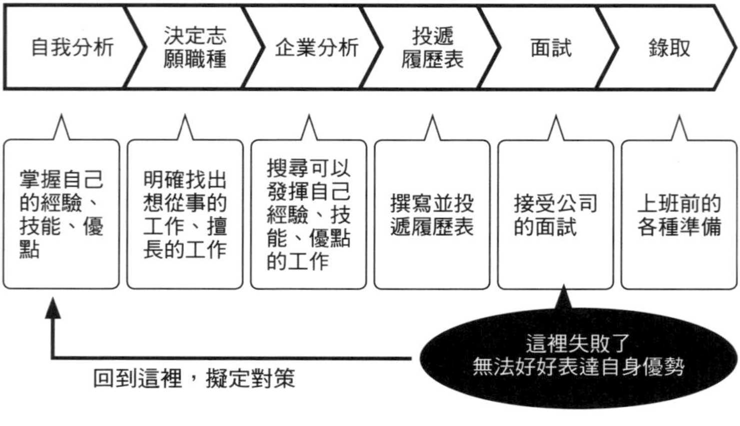

自我分析
決定志願職種
企業分析
投遞履歷表
面試
錄取
掌握自己的經驗、技能、優點
明確找出想從事的工作、擅長的工作
搜尋可以發揮自己經驗、技能、優點的工作
撰寫並投遞履歷表
接受公司的面試
上班前的各種準備
這裡失敗了 無法好好表達自身優勢
回到這裡，擬定對策

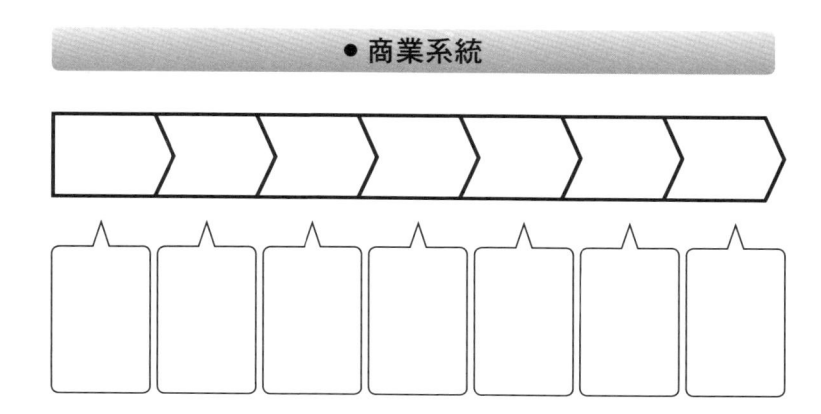

● 商業系統

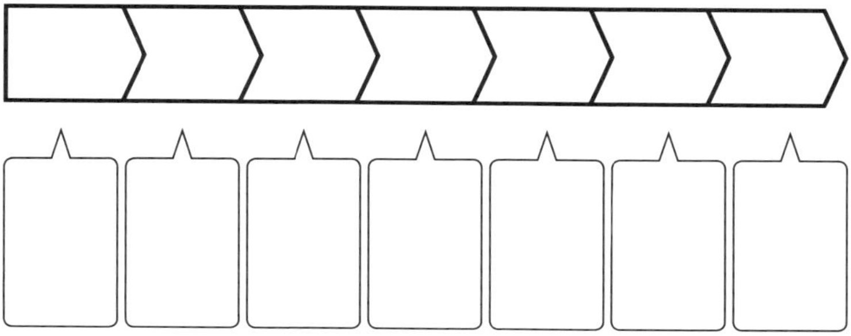

Point

· 這裡也要用MECE原則，來檢視一連串的流程。

國家圖書館出版品預行編目（CIP）資料

用漫畫讀懂，麥肯錫的超強問題解決術：從今天開始，就能運用世界最高水準的思考技術！ / 大嶋祥譽著；石野人衣作畫；侯詠馨譯.
-- 第三版. -- 新北市：大樂文化有限公司，2025.08
240面；14.8×21公分. --（Business ; 99）

譯自：マンガで読めるマッキンゼー流「問題解決」がわかる本
ISBN：978-626-7745-12-0（平裝）
1.企業管理 2.思考
494.1 114009670

Business 099

用漫畫讀懂，麥肯錫的超強問題解決術

從今天開始，就能運用世界最高水準的思考技術！

（原書名：麥肯錫的大數據核心問題檢查術）

作　　者／大嶋祥譽
腳　　本／青木健生
作　　畫／石野人衣
譯　　者／侯詠馨
封面設計／蕭壽佳、蔡育涵
內頁排版／楊思思
責任編輯／許育寧
主　　編／皮海屏
發行專員／張紜蓁
財務經理／陳碧蘭
發行經理／高世權
總編輯、總經理／蔡連壽
出 版 者／大樂文化有限公司
地址：新北市板橋區文化路一段268號18樓之1
電話：（02）2258-3656
傳真：（02）2258-3660
詢問購書相關資訊請洽：（02）2258-3656
郵遞劃撥帳號／50211045 戶名／大樂文化有限公司

香港發行／豐達出版發行有限公司
地址：香港柴灣永泰道70號柴灣工業城2期1805室
電話：852-2172 6513 傳真：852-2172 4355

法律顧問／第一國際法律事務所余淑杏律師
印　　刷／韋懋實業有限公司

出版日期／2016 年 9 月 12 日 第一版
2025 年 8 月 7 日 第三版
定　　價／300 元（缺頁或損毀的書，請寄回更換）
I S B N／978-626-7745-12-0